Grundlagen des Projektmanagements
für Dummies

Grundlagen des Projektmanagements für Dummies

Schummelseite

DIE DREI WICHTIGSTEN RESSOURCEN

- **Menschen:**
  - die, die entscheiden, welche Ergebnisse das Projekt liefern soll
  - die, die die Projektarbeit erledigen und die Ergebnisse erzielen
  - die, die an dem Projekt interessiert sind
- **Abläufe:**
  - Projektplanung, Organisation und Steuerung
  - Planung und Budgetierung im Gesamtunternehmen
  - bewilligte Mittel
  - Leistungsbeurteilungen
- **Informationssysteme:**
  - **Zeiterfassung:** Umfang, in dem die einzelnen Mitarbeiter an den Projektaktivitäten mitarbeiten
  - **Aufzeichnungen über die Finanzen:** Budgets, Zusagen und Ausgaben für jede Projektaktivität
  - **Aufzeichnungen zur Überwachung des Zeitplans:** die tatsächlichen Anfangs- und Endtermine aller Aktivitäten und Meilensteine

Grundlagen des Projektmanagements für Dummies

Schummelseite

DREI VORAUSSETZUNGEN FÜR ERFOLGREICHES PROJEKTMANAGEMENT

Unabhängig davon, welche Art von Projekt Sie managen, sind folgende drei Faktoren für den Erfolg wichtig:

- **Informationen:** genaue und rechtzeitige Beschreibungen der
  - **Pläne:** was Sie wann und zu welchem Preis erreichen möchten
  - **Risiken:** die Wahrscheinlichkeit und die Auswirkungen von Aktivitäten, die nicht wie geplant verlaufen
  - **Leistung:** eine laufende Bewertung des Fortschritts, der erzielten Resultate, der aufgetretenen Probleme und der Korrekturmaßnahmen
- **Kommunikation:** Weitergabe dieser Informationen an die Teammitglieder und andere Projektbeteiligte
- **Verpflichtung:** die Entschlossenheit der Einzelnen, des Teams und des Unternehmens, Ergebnisse zu erzielen

Stanley E. Portny

Grundlagen des Projektmanagements

für dummies®

Das Pocketbuch

2. Auflage

Übersetzung aus dem Amerikanischen von Britta Kremke

WILEY

WILEY-VCH Verlag GmbH & Co. KGaA

Grundlagen des Projektmanagements für Dummies

Bibliografische Information der Deutschen Nationalbibliothek

Die Deutsche Nationalbibliothek verzeichnet diese Publikation in der Deutschen Nationalbibliografie; detaillierte bibliografische Daten sind im Internet über http://dnb.d-nb.de abrufbar.

2. Auflage 2017

Mehr über Projektmanagement finden Sie in *Projektmanagement für Dummies*.

Coverfoto: zhaojiankang/iStock/Thinkstock
Korrektur: Frauke Wilkens, München
Satz: Spi Global, Chennai
Druck und Bindung: Media-Print Informationstechnologie GmbH, Paderborn

Print ISBN: 978-3-527-71421-6
ePub ISBN: 978-3-527-81155-7
mobi ISBN: 978-3-527-81154-0

10 9 8 7 6 5 4 3 2 1

Auf einen Blick

Einführung

Willkommen beim Pocketbuch *Grundlagen Projektmanagement für Dummies*. Projekte gibt es schon seit Urzeiten: Noahs Bau der Arche, die Mona Lisa von Leonardo da Vinci oder die Entwicklung des Polio-Impfstoffs durch Jonas Salk – all das sind Projekte. Und wie Sie wissen, sind diese und viele andere ähnliche Projekte mit großem Erfolg zu Ende gebracht worden.

Warum also stößt das Thema Projektmanagement auf einmal auf so großes Interesse? Die Antwort ist ganz einfach. Das Publikum hat sich geändert und die Messlatte liegt höher.

Der Bedarf an Menschen, die wissen, wie man diese Leistung plant und managt, und die ihre berufliche Entwicklung ganz an dieser Aufgabe ausrichten, wächst ständig. Inzwischen werden in allen Unternehmen die zu erledigenden Aufgaben im Rahmen von Projekten durchgeführt.

Gleichzeitig ist ein ganz neuer Typ Projektmanager aufgetaucht. Diese Leute haben es sich nie bewusst zum Ziel gesetzt, einmal Projektmanager zu werden; viele wissen eigentlich gar nicht so richtig, was ein Projektmanager ist. Aber diese Art von Projektmanagern hat gelernt, dass man in der Lage sein muss, Projekte erfolgreich abzuschließen, wenn man beruflich vorankommen will.

Nach und nach erkennen solche Projektmanager, dass man über ganz bestimmte Fähigkeiten verfügen und Techniken beherrschen muss, um in der sich ständig verändernden und komplizierter werdenden Welt der Projekte zu überleben. Sie wollen diese Fähigkeiten und Techniken erlernen und üben, sind aber andererseits nicht bereit, viel Zeit in diesen Lernprozess zu investieren. Genau dieser »schweigenden Mehrheit« von Projektmanagern ist dieses Buch gewidmet.

Über dieses Buch

Erfolgreiches Management erreicht man nicht durch Fachwissen; man erreicht es durch die praktische Anwendung. In diesem Buch geht es darum, Ihnen zu zeigen, dass Projektmanagement-Fähigkeiten und -Techniken keine lästigen Pflichten sind, die man erfüllen muss, weil irgendein Ablauf sie erforderlich macht, sondern es handelt sich dabei um eine Denkweise, eine bestimmte Art der Kommunikation und um eine besondere Verhaltensweise. Sie sind Bestandteil dessen, was unsere Einstellung zu unserer täglichen Arbeit ausmacht.

Ich behandle in diesem Buch Projektmanagement-Werkzeuge und -Techniken, die Ihnen bei der grundsätzlichen, zeitlichen und finanziellen Planung, bei der Organisation und Überwachung Ihres Projekts helfen.

Wissen allein macht Sie aber auch noch nicht zu einem erfolgreichen Projektmanager – Sie müssen es auch anwenden. Grundtenor dieses Buches ist, dass Projektmanagement-Fähigkeiten und -Techniken keine belastenden Aufgaben sind, die man erledigen muss, weil bestimmte Abläufe es erfordern, sondern dass sie eine Grundeinstellung im Denken, in der Kommunikation und im Verhalten darstellen. Sie sind integrativer Bestandteil unserer Herangehensweise an alle Aspekte unserer täglichen Arbeit.

Törichte Annahmen über den Leser

Ich gehe davon aus, dass völlig unterschiedliche Leute dieses Buch lesen werden, unter anderem:

- ✔ Senior Manager und Assistenten
- ✔ Erfahrene Projektmanager und Leute, die noch nie in einem Projektteam waren

- ✔ Leute, die schon viele Schulungen zum Thema Projektmanagement durchlaufen haben, und solche ohne Trainingserfahrung

Wie dieses Buch aufgebaut ist

Wie in jedem ... *für Dummies*-Buch ist auch in diesem Buch jedes Kapitel so aufgebaut, dass es unabhängig von den anderen gelesen werden kann. Sie können also mit den Kapiteln beginnen, die Sie am meisten interessieren. Das Buch ist in die folgenden fünf Teile unterteilt.

Teil I: Projektmanagement: Der richtige Weg zu guten Ergebnissen

In diesem Teil erläutere ich die besonderen Merkmale von Projekten sowie die typischen Phasen, die jedes Projekt durchläuft.

Teil II: Das Schiff steuern: Das Projekt auf dem Weg zum Erfolg

In diesem Teil erfahren Sie, wie man Projekte so strukturiert, dass alle Haupt- und Unteraufgaben übersichtlich erfasst werden, und wie Sie einen detaillierten Zeitplan aufstellen. Außerdem erkläre ich, wie man alle Teammitglieder am Projekt beteiligt, Aufgaben verteilt und Verantwortung überträgt.

Teil III: Kontrolle im Projekt

In diesem Teil erfahren Sie, wie Sie Ablauf, Kosten und Ressourcen Ihres Projekts überwachen und analysieren und das Projekt insgesamt auf Kurs halten.

Teil IV: Die Beteiligten auf dem Laufenden halten: Kommunikation im Projekt

Hier geht es darum, wie Sie Projektfortschrittsberichte verfassen und effiziente Meetings abhalten.

Teil V: Der Top-Ten-Teil

In diesem Teil erhalten Sie Tipps dazu, wie man ein Projekt plant und ein besserer Projektmanager wird.

Symbole, die in diesem Buch verwendet werden

Am linken Rand finden Sie *Symbole*, mit denen ich Sie auf besondere Textstellen aufmerksam machen möchte:

Hinweise, die Ihnen helfen, die vorgestellten Techniken oder Vorgehensweisen anzuwenden

Begriffe oder Beschreibungen, die ein bisschen technischer sind

Reale oder erfundene Situationen, die die im Text vorgestellten Techniken und Probleme verdeutlichen

Mögliche Stolperfallen und Gefahrenstellen

Wichtige Informationen, die Sie im Hinterkopf behalten sollten, wenn Sie die vorgestellten Techniken und Vorgehensweisen anwenden

Sie können dieses Buch auf unterschiedliche Weise lesen, je nachdem, wie groß Ihre Vorkenntnisse im Bereich Projektmanagement sind und Ihr Informationsbedarf ist. Sehen Sie sich zunächst einmal das Inhaltsverzeichnis an, um ein Gefühl für das Thema zu bekommen.

Teil I

Projektmanagement: Der richtige Weg zu guten Ergebnissen

IN DIESEM TEIL …

Erkläre ich, wie sich ein Projekt von anderen Aufgaben unterscheidet.

Erfahren Sie, welche Rolle der Projektmanager erfüllen muss.

Bringe ich Ihnen die verschiedenen Lebensphasen eines Projekts näher.

IN DIESEM KAPITEL

Projekte erkennen

Projektmanagement im Einzelnen

Die Rolle des Projektmanagers richtig einschätzen

Kapitel 1
Projektmanagement – was ist das?

Erfolgreiche Unternehmen rufen Projekte ins Leben, die innerhalb vorgegebener Zeiträume mit den zur Verfügung stehenden Mitteln bestimmte Ergebnisse erzielen sollen. Das führt dazu, dass immer mehr Unternehmen nach Mitarbeitern suchen, die in einer solchen projektorientierten Umgebung Höchstleistungen bringen.

Als Projektmanager (und besonders als unerfahrener) brauchen Sie zahlreiche Fähigkeiten und Techniken, damit Sie Projekte erfolgreich zu Ende führen können. Dieses Kapitel bringt Sie auf den rechten Weg und hilft Ihnen, echte Projekte von Scheinprojekten zu unterscheiden, zu verstehen, warum Projekte erfolgreich sind oder fehlschlagen, und wie ein echter Projektmanager zu denken.

Was genau ist ein Projekt?

Egal worin Ihre berufliche Tätigkeit besteht, Sie müssen täglich eine Vielzahl von Aufgaben erledigen: Memos vorbereiten, Sitzungen abhalten, eine Marketingkampagne entwickeln, in neue Büroräume umziehen. Oder läuft Ihr Tag vielleicht eher so ab: die Informationssysteme benutzerfreundlicher programmieren, eine Forschungsreihe für das Labor entwerfen, das Firmenimage verbessern? Nicht alle diese Aufgaben sind echte Projekte. Woran erkennt man, wann es sich um ein echtes Projekt handelt?

Ein Projekt ist …

Ob groß oder klein, ein Projekt hat folgende Merkmale:

- ✔ **Ein vorher festgelegter Output:** Produkte oder Ergebnisse
- ✔ **Ein vorher festgelegter Anfang und ein festgelegtes Ende:** Projekte laufen nicht unbegrenzt
- ✔ **Festgelegte Budgets:** Welche Mengen an Personen, Finanzmitteln, Ausrüstungen, Produktionsmitteln und Informationen sind notwendig?

Jedes Element wirkt sich auf die anderen aus. Will man den Output erhöhen, muss man möglicherweise mehr Zeit (einen späteren Endtermin) oder mehr Ressourcen investieren. Eine Vorverlegung des Endtermins macht möglicherweise eine Einschränkung bei den Ergebnissen oder eine Erhöhung der Projektkosten (über das festgelegte Budget hinaus) erforderlich, weil Überstunden bezahlt werden müssen. Um die gewünschten Ergebnisse zu erzielen, bewegt man sich immer innerhalb dieser drei Elemente.

Projekte gibt es in ganz unterschiedlichen Formen und Größen.

- **Projekte können groß oder klein sein.**
- **An Projekten können viele Menschen beteiligt sein oder nur Sie allein.**
- **Projekte können über einen schriftlichen Vertrag oder eine formlose Vereinbarung definiert werden.**
- **Projekte können beruflicher oder privater Natur sein.**

Egal wie Ihr Projekt aussieht, Sie definieren es auf der Grundlage immer der gleichen drei Elemente: Output, Start- und Endtermine und Ressourcen. Die Informationen, die Sie brauchen, um Ihr Projekt zu planen und zu verwalten, sind die gleichen, auch wenn der Komplexitätsgrad und die notwendige Vorbereitungszeit unterschiedlich sind. Je sorgfältiger Sie planen und Ihre Projekte verwalten, desto größer die Wahrscheinlichkeit, dass Sie sie erfolgreich zum Abschluss bringen.

Projektmanagement definieren

Projektmanagement ist der Prozess, in dem Sie Ihr Projekt vom Start durch die Durchführungsphase bis zum Ende führen. Zum Projektmanagement gehören drei Grundtätigkeiten:

- ✔ **Planung**: Festlegen, welche Ergebnisse erzielt werden sollen, wie der Zeitrahmen aussieht und welche Ressourcen erforderlich sind
- ✔ **Organisation**: Die Rollen und Verantwortungsbereiche der Beteiligten definieren
- ✔ **Kontrolle**: Immer wieder deutlich machen, welche Leistungen von den Beteiligten erwartet werden, Maßnahmen und erzielte Ergebnisse überwachen, auftauchende Probleme lösen, Informationen an Interessierte weitergeben

Um diese Tätigkeiten erfolgreich umsetzen zu können, benötigen Sie:

- ✔ **Informationen**: Genaue, rechtzeitige und vollständige Daten für die Planung, die Durchführungsüberwachung und die Abschlussauswertung
- ✔ **Kommunikation**: Klare, offene und rechtzeitige Bereitstellung von Informationen an die jeweiligen Einzelpersonen und Personengruppen
- ✔ **Engagement**: Das persönliche Versprechen der Teammitglieder, die vereinbarten Ergebnisse innerhalb der vorgegebenen Zeit und Budgets zu liefern

Wenn Projektinformationen vollständig formuliert und weitergegeben werden, erhöht sich die Wahrscheinlichkeit für eine erfolgreiche Projektdurchführung. Wenn Teile dieser Informationen vage sind, vollständig fehlen oder nicht effektiv weitergeleitet wurden, sinken die Erfolgschancen.

Die Rolle des Projektmanagers

Die Aufgabe eines Projektmanagers ist eine echte Herausforderung. Er muss die Zusammenarbeit von Spezialisten koordinieren und ihnen helfen, ein gemeinsames Ziel zu erreichen. Der Erfolg des Projektmanagers hängt davon ab, dass er in der Lage ist, schwierige unternehmerische und persönliche Probleme zu erkennen und zu lösen.

Es ist sinnlos, ein Projekt anders anzugehen. Der Projektmanager muss in die Entwicklung der Pläne eingebunden sein, weil er die Gelegenheit haben muss, Erwartungshaltungen abzuklären, vorgeschlagene Herangehensweisen zu prüfen und Fragen zu stellen.

Der Schlüssel zum Projekterfolg liegt darin, sich aktiv zu verhalten, also selbst die Initiative zu ergreifen. Warten Sie nicht, bis andere Ihnen sagen, was Sie zu tun haben.

- ✔ Sie recherchieren Informationen, weil Sie wissen, dass Sie sie benötigen.
- ✔ Sie halten sich an den Projektablauf, weil Sie wissen, dass dies der beste Weg ist.
- ✔ Sie beziehen die Personen mit ein, von denen Sie wissen, dass sie für das Projekt wichtig sind.
- ✔ Sie sprechen Risiken und Probleme an, analysieren sie und holen sich Unterstützung bei der Bewältigung.
- ✔ Sie geben Informationen an die Personen weiter, von denen Sie wissen, dass sie diese Informationen brauchen.
- ✔ Sie halten alle wichtigen Informationen schriftlich fest.
- ✔ Sie engagieren sich für ein Projekt und erwarten und fordern dasselbe von anderen.

IN DIESEM KAPITEL

Projektphasen richtig durchlaufen

Mögliche Probleme erkennen

Voraussetzungen für den Projekterfolg

Kapitel 2
Die Lebensphasen eines Projekts

Haben Sie eine Vorstellung davon, was ein Projektmanager macht und was einen guten Projektmanager ausmacht? Wenn ja, sind Sie für die Grundelemente eines Projekts bereit. Jedes Projekt durchläuft, unabhängig von seiner Größe, fünf Phasen:

- ✔ **Konzeptphase:** Eine Idee wird geboren.
- ✔ **Abgrenzungsphase:** Ein Plan wird entwickelt.
- ✔ **Startphase:** Ein Team wird gebildet.
- ✔ **Durchführungsphase:** Die Arbeit wird getan.
- ✔ **Abschlussphase:** Das Projekt wird beendet.

Bei kleineren Projekten kann der gesamte Prozess lediglich einige Tage dauern. Bei größeren Projekten kann er sogar viele

Jahre dauern! Aber egal wie einfach oder kompliziert ein Projekt ist, der Ablauf ist immer derselbe (siehe Abbildung 2.1).

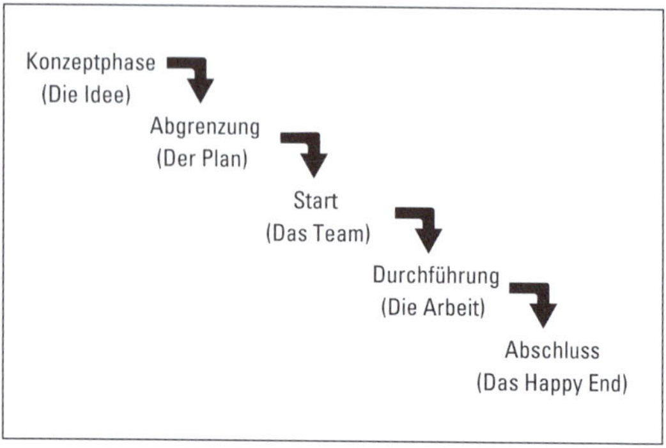

Abbildung 2.1: Führen Sie Ihr Projekt durch seine fünf Lebensphasen.

Die Konzeptphase

Alle Projekte beginnen mit einer Idee: Einer Ihrer Kunden macht vielleicht einen Verbesserungsvorschlag, der Geschäftsführer denkt daran, möglicherweise einen neuen Markt zu erobern, oder Sie suchen nach einer Möglichkeit, den Beschaffungsprozess in Ihrem Unternehmen umzustrukturieren. Wenn eine Idee Gestalt annimmt, ist Ihr Projekt in der Konzeptphase.

Manchmal wird die Konzeptphase informell gehandhabt; bei einem kleinen Konzept besteht sie vielleicht nur aus einer Diskussion oder einer mündlichen Vereinbarung. In anderen Situationen, vor allem bei größeren Projekten, sind eine schriftliche Zusammenfassung und eine offizielle Entscheidung erforderlich.

Bei der Entscheidung, ob Ihr Projekt durchgeführt werden soll, sollten Sie einmal über die folgenden Fragen nachdenken:

- **Sollten Sie es durchführen?** Wiegt der Nutzen, den Sie erwarten, die Kosten, die das Projekt voraussichtlich verursacht, auf?
- **Können Sie es durchführen?** Ist das Projekt umsetzbar? Stehen die notwendigen Ressourcen zur Verfügung?

Wenn Sie beide Fragen mit Ja beantworten, kommt die Abgrenzungsphase, in der Sie Ihren Projektplan entwickeln. Wenn Sie eine der beiden Fragen mit einem klaren Nein beantworten, dann sollten Sie unter keinen Umständen weitermachen. Sie müssen überlegen, ob Sie das Projekt umstrukturieren können, um es durchführbar und lohnenswert zu machen. Wenn nicht, stoppen Sie es sofort. Alles andere bringt nur verschwendete Ressourcen, verspielte Chancen und frustrierte Mitarbeiter mit sich.

Die Kosten-Nutzen-Analyse

Eine *Kosten-Nutzen-Analyse* ist eine vergleichende Bewertung aller Kosten, die anfallen, um Ihr Projekt zu realisieren, die notwendigen Veränderungen einzuführen und durchzusetzen, und aller möglichen Vorteile, die Ihr Projekt mit sich bringen kann. Eine Kosten-Nutzen-Analyse hilft Ihnen bei folgenden Entscheidungen:

- ob ein Projekt durchgeführt werden soll oder für welches von mehreren Projekten Sie sich entscheiden sollen
- den Rahmen für angemessene Ziele abstecken
- passende *Vorher/nachher*-Maßnahmen zum Projekterfolg festlegen

Einige erwartete Vorteile können in monetären Werten ausgedrückt werden, zum Beispiel Reduzierung der Produktionskosten oder Umsatzsteigerung. Bei anderen Vorteilen können einige Aspekte in monetären Werten ausgedrückt werden, andere nicht. Wenn Ihr Projekt beispielsweise die Motivation der Mitarbeiter steigern soll, dann müssen Sie möglicherweise Faktoren wie eine Umsatzsenkung, aber auch eine mögliche Produktivitätssteigerung, eine Senkung des Krankenstands und weniger Kündigungen mit in Betracht ziehen.

Also versuchen Sie so oft wie möglich, den Nutzen und die Kosten in konkreten Zahlen anzugeben, um die Einschätzung des Nettonutzens eines Projekts zu erleichtern.

Kosten für Mitarbeiter können sich ändern

Seien Sie mit den Annahmen, die Sie oder andere Projektbeteiligte machen, vorsichtig, wenn Sie den möglichen Wert, die Kosten und die Machbarkeit eines Projekts einschätzen sollen. Beispielsweise kann es sein, dass Ihre Bitte um Genehmigung von Überstunden letztes Mal zwar abgelehnt wurde, dieses Mal aber bewilligt wird.

Beziehen Sie die Kosten aller Projektphasen in Ihre Betrachtung mit ein. Diese Kosten können einmalig sein (zum Beispiel Arbeitskosten, Investitionen und bestimmte Leistungen, die

Sie von Dritten einkaufen) oder wiederkehrend (zum Beispiel zusätzliches Personal, Lieferungen, Material, Wartung und Reparaturen). Außerdem sollten Sie an folgende Kosten denken:

- ✔ die möglicherweise anfallenden Kosten, falls Sie das Projekt nicht umsetzen
- ✔ die möglicherweise anfallenden Kosten, falls das Projekt schiefgeht
- ✔ Opportunitätskosten (Vorteile, die sich möglicherweise daraus ergeben hätten, wenn Sie anstelle dieses Projekts mit den vorhandenen Ressourcen ein anderes Projekt erfolgreich umgesetzt hätten)

Die Phase der Abgrenzung: Einen Plan aufstellen

Wenn Sie wissen, was Sie erreichen wollen, und glauben, dass Sie das auch erreichen können, dann brauchen Sie einen detaillierten Plan, um festzulegen, wie Sie und Ihr Team diese Ergebnisse realisieren sollen.

Folgende Bestandteile dürfen in Ihrem Projektplan nicht fehlen:

- ✔ ein Überblick über die Gründe für Ihr Projekt
- ✔ eine detaillierte Beschreibung der Ergebnisse, die erreicht werden sollen
- ✔ eine Auflistung aller Arbeiten, die erledigt werden müssen
- ✔ die Rollen, die Sie und Ihre Teammitglieder spielen sollen

- ein detaillierter Projektzeitplan
- Vorgaben für den Personalbedarf, Finanzmittel, Ausrüstung, Produktionsmittel und Informationen
- Annahmen und Voraussetzungen

Legen Sie Ihre Pläne immer schriftlich fest; das hilft, Details zu klären, und minimiert das Risiko, etwas zu vergessen. Pläne für große Projekte können Hunderte von Seiten füllen; ein Plan für ein kleines Projekt kann aus wenigen Zeilen oder einer einzigen Seite bestehen.

Der Erfolg Ihres Projekts hängt davon ab, wie konkret und genau Ihr Plan ist und ob die Beteiligten daran glauben, dass Sie die Vorgaben einhalten können. Wenn Sie Erfahrungen aus der Vergangenheit berücksichtigen, wird Ihr Plan realistischer, und wenn Sie die Beteiligten in die Planungsphase einbeziehen, motivieren Sie sie zu größerem Einsatz und besserer Leistung.

Der Druck, möglichst schnell Resultate zu erzielen, führt dazu, dass manche Projektleiter die Planungsphase einfach überspringen und gleich loslegen. Das löst zwar hektische Betriebsamkeit aus, aber das Risiko, Ressourcen zu vergeuden und Fehler zu machen, steigt.

Die Startphase

Zu den Vorbereitungen für den Projektstart gehören folgende Tätigkeiten:

- **Den einzelnen Projektbereichen und -abschnitten die erforderlichen Personen zuweisen:** Wählen Sie die Personen aus, die die unterschiedlichen Arbeiten erledigen sollen, und treffen Sie entsprechende Vereinbarungen, um sicherzustellen, dass sie für die Projektarbeit zur Verfügung stehen.

- ✔ **Allen Teammitgliedern Aufgaben übertragen und erklären:** Beschreiben Sie jedem Teammitglied, welche Arbeit es erledigen soll, und verdeutlichen Sie, wie die Teammitglieder untereinander ihre Arbeit abstimmen sollen.
- ✔ **Festlegen, wie das Team die Arbeiten durchführt, die für die Erledigung der Aufgaben notwendig sind:** Legen Sie fest, wie Kommunikationskanäle funktionieren sollen, unterschiedliche Entscheidungen getroffen und Konflikte gelöst werden.
- ✔ **Die notwendigen Überwachungssysteme für Finanzen und Personaleinsatz einrichten:** Legen Sie fest, welche(s) System(e) und welche Kostenstelle benutzt werden, um den zeitlichen Ablauf, die Informationen über den Personaleinsatz und das Budget zu protokollieren.
- ✔ **Das Projekt im Unternehmen bekannt machen:** Lassen Sie Ihre Kollegen wissen, dass es Ihr Projekt gibt, was dabei herauskommt und wann es beginnt und endet.

Die Durchführungsphase: Los geht's

Endlich ist der Zeitpunkt gekommen, die eigentliche Arbeit anzugehen! Dazu gehört Folgendes:

- ✔ **Die Aufgaben erledigen:** Führen Sie die in Ihrem Plan festgelegten Arbeiten aus.
- ✔ **Leistung und Plan ständig miteinander vergleichen:** Sammeln Sie sämtliche Informationen über die erzielten

Resultate, die Einhaltung der Zeitvorgaben und die Verwendung der Ressourcen. Stellen Sie fest, wo es zu Abweichungen kommt und formulieren Sie korrigierende Maßnahmen.

- ✔ **Auftretende Probleme lösen:** Verändern Sie die Aufgabenstellung, Zeitpläne oder Ressourcenpläne, um die Projektleistung wieder mit den Plänen in Einklang zu bringen, oder planen oder verhandeln Sie über eine Anpassung des Projektplans.
- ✔ **Alle Beteiligten auf dem Laufenden halten:** Reden Sie über Ergebnisse, die innerhalb des Zeitplans erfolgreich erzielt wurden, über Probleme, die auftraten, und über erfolgte Änderungen des ursprünglichen Projektplans.

Die Abschlussphase: Stopp!

Die übertragenen Aufgaben zu beenden, ist nur ein Bestandteil eines erfolgreichen Projektendes. Zusätzlich müssen Sie noch Folgendes tun:

- ✔ Die Abnahme der Endergebnisse durch den Auftraggeber bestätigen lassen.
- ✔ Alle Projektkonten abschließen (falls Sie Zeit und Geld über gesonderte Projektkonten abgerechnet haben).
- ✔ Den Beteiligten helfen, ihre nächsten Aufgaben zu übernehmen.
- ✔ Eine Abschlussbewertung durchführen, um Projektergebnisse zu würdigen und Erfahrungen zu erörtern, die für weitere Projekte genutzt werden können (oder machen Sie sich wenigstens formlos Notizen über diese Erfahrungen und darüber, wie Sie sie in Zukunft nutzen wollen).

Teil II

Das Schiff steuern: Das Projekt auf dem Weg zum Erfolg

IN DIESEM TEIL …

Erkläre ich Ihnen die notwendigen Schritte, wie Sie ein Projekt planen und strukturieren und sich so einen Überblick über alle Aspekte des Projekts verschaffen.

Erfahren Sie, wie Sie den Zeitrahmen mithilfe eines Netzplans abschätzen und so die einzelnen Vorgänge koordinieren.

Bekommen Sie einen Überblick darüber, wie Sie die Rollen und Verantwortungsbereiche festlegen, die bestimmte Teammitglieder in einem Projekt übernehmen sollen, und wie Sie Menschen dazu motivieren, gemeinsam an einem Strang zu ziehen.

IN DIESEM KAPITEL

Eine Projektstruktur entwickeln

Wissen, welcher Detaillierungsgrad erforderlich ist

Unvorhersehbare Tätigkeiten einplanen

Kapitel 3
Projekte strukturieren

Für eine erfolgreiche Projektplanung und -durchführung müssen Sie unbedingt alle wichtigen Informationen kennen und im Projektplan berücksichtigen. Sie dürfen während der Projektdurchführung keinen der im Plan festgehaltenen Aspekte vergessen und müssen sich mit jedem einzelnen auseinandersetzen.

Eine gut strukturierte Beschreibung der Projektaufgabe ist die Grundlage für die Zeit- und Ressourcenplanung, die Rollenverteilung, die Verteilung der Verantwortlichkeiten, die Aufgabenverteilung an die Teammitglieder, die Ermittlung der wichtigsten Erfolgsmaßstäbe und die Organisation des Berichtswesens.

Wenn ich ein neues Projekt beginne, ist meine größte Sorge immer, ob ich auch alle wichtigen Tätigkeiten, die im Rahmen des Projekts erledigt werden müssen, eingeplant habe. Mein zweitgrößtes Problem besteht darin, die benötigten Ressourcen und die notwendige Zeit zur Erledigung dieser Aufgaben richtig einzuschätzen. Beide Schwierigkeiten löse ich, indem ich eine logische Struktur entwerfe, in der ich sämtliche Tätigkeiten festlege, die zum Projekterfolg notwendig sind.

In Details denken

Der wichtigste Grundsatz, den man immer im Hinterkopf haben muss, wenn man Projektarbeit beschreibt, ist, in Details zu denken! Ich stelle fest, dass die Leute ständig unterschätzen, wie viel Zeit und Geld sie für die einzelnen Tätigkeiten benötigen, nur weil sie es nicht schaffen, sämtliche Aufgaben, die erledigt werden müssen, von vornherein einzuplanen.

Stellen Sie sich vor, Sie bekommen den Auftrag, einen Bericht über den Ablauf Ihres letzten Teammeetings abzugeben. Ihre erste Aufgabe besteht darin abzuschätzen, wie viel Zeit und Ressourcen Sie für diesen Bericht benötigen. Da Sie schon viele Berichte geschrieben haben, wissen Sie, dass Sie dafür ein paar Tage brauchen. Aber wie sicher sind Sie in dieser Einschätzung? Sind Sie sicher, dass Sie alle Tätigkeiten, die zum Verfassen dieses Berichts gehören, bedacht haben?

Das Zauberwort bei der Aufgabenbeschreibung ist *Zergliederung*. Man zerlegt eine Aufgabe einfach in ihre Einzelkomponenten. Das Schreiben eines Berichts besteht aus drei Einzeltätigkeiten: einen Entwurf schreiben, den Entwurf überarbeiten und die endgültige Fassung fertigstellen. Die endgültige Fassung fertigzustellen, besteht wiederum aus zwei separaten Tätigkeiten, sogenannten Teiltätigkeiten: Den endgültigen Bericht schreiben und ihn ausdrucken lassen.

Aufgaben unterteilen

Um Aufgaben richtig zu unterteilen, befolgen Sie die folgenden beiden Grundregeln:

- ✔ **Keine Lücken:** Jede Aufgabe in den einzelnen Projektarbeiten muss in ihren Untereinheiten definiert werden. *Keine Lücken* bedeutet, dass jede Tätigkeit, die zum Verfassen eines Berichts gehört, in ihren drei Teiltätigkeiten formuliert wird. Wenn Sie der Meinung sind, dass noch mehr Tätigkeiten dazugehören, legen Sie eine weitere Unterteilung fest.
- ✔ **Keine Überschneidungen:** Dieselbe Tätigkeit darf nicht in mehr als einer Untereinheit enthalten sein. Beispielsweise kann man nicht sagen, zum Schreiben des Berichts gehöre, dass verschiedene Leute erste Entwurfsfassungen überarbeiten müssen, wenn sämtliche Korrekturen unter dem Stichwort »Überarbeitung des Entwurfs« zusammengefasst sind.

Durch eine derartige Zergliederung sämtlicher Aufgaben werden Sie gezwungen, über die einzelnen Tätigkeiten nachzudenken, die durchgeführt werden müssen, um die einzelnen Aufgaben zu erledigen. Auf diese Weise können Sie sicherer sein, dass Sie nicht etwas Wichtiges vergessen haben, und Sie können besser abschätzen, wie viel Zeit und welche Ressourcen erforderlich sind, um Ihr Projekt zu beenden.

Hierarchisch denken

In Details zu denken, ist wichtig; genauso wichtig ist es aber, sämtliche Aufgabenpakete zu identifizieren, die für die Vollendung des Projekts notwendig sind. Wenn Sie einen wichtigen Bestandteil der Projektarbeit übersehen, können Sie nicht detailliert sein! Ihre Aufgabe ist es, umfassend und gleichzeitig detailliert zu denken.

In Abbildung 3.1 sehen Sie, wie man mit dieser Vorgehensweise eine Aufgabe in ihre Bestandteile zerlegt und die Details der Projekttätigkeiten beschreibt. Eine Projektstruktur (*Work-Breakdown-Structure*) ist eine strukturierte, hierarchische Darstellung aller Tätigkeiten, die im Rahmen Ihres Projekts erledigt werden müssen, und zwar so weit unterteilt, dass die Planung, die Verteilung von Rollen und Verantwortlichkeiten sowie die laufende Überwachung und Kontrolle kein Problem mehr sind.

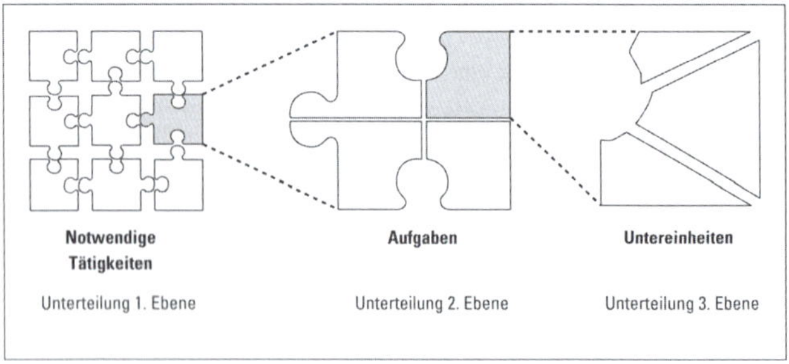

Abbildung 3.1: Eine detaillierte Projektstruktur für sämtliche Projektaufgaben entwickeln.

Für die unterschiedlichen Unterteilungsstufen gibt es viele verschiedene Bezeichnungen. Die oberste Ebene wird meistens als »Projekt« bezeichnet, die unterste

Detaillierungsebene meistens als »Aufgabenpaket«. Die Ebenen dazwischen nennt man »Phasen«, »Unterprojekte«, »Arbeiten«, »Aufgaben«, »Unteraufgaben«, »Ergebnisse«, »Teilergebnisse«. In diesem Buch bezeichne ich die oberste Ebene als »Projekt«, die unterste als »Aufgabenpaket« und alle anderen Ebenen dazwischen »Ebene 1«, »Ebene 2« und so weiter.

Beispiel: Ein Schulungsprogramm entwickeln

Angenommen, Sie sollen ein neues Schulungsprogramm für Ihr Unternehmen entwickeln und vorstellen. Entwickeln Sie Ihre Projektstruktur wie folgt:

1. **Stellen Sie fest, welches die Hauptaufgaben sind.**

   Fragen Sie sich: »Welche Hauptaufgaben umfasst das Projekt?«

   Und dann gehen Sie so vor:

   - den Bedarf ermitteln
   - das Programm entwerfen
   - die Unterrichtsmaterialien entwickeln
   - das Programm testen
   - das Programm vorstellen

2. **Unterteilen Sie jede dieser Hauptaufgaben in ihre Komponenten.**

   Nehmen Sie sich eine der Hauptaufgaben vor. Angenommen, Sie haben sich für »Den Bedarf ermitteln« entschieden.

   Fragen Sie sich: »Welche wichtigen Tätigkeiten müssen durchgeführt werden, damit dieser Teil der Projektarbeit erledigt wird?«

Sie stellen dann beispielsweise fest, dass Sie Folgendes tun müssen:

- die Personen ermitteln, die Interesse an dem Programm haben
- einige dieser Personen befragen
- Unterlagen durcharbeiten, in denen die Notwendigkeit für dieses Programm dargelegt wird
- in einem schriftlichen Bericht zusammenfassen, welcher Bedarf mit diesem Programm abgedeckt werden kann

3. **Teilen Sie jede dieser Aufgaben in ihre Komponenten.**

   Angenommen, Sie wollen mit »Einige dieser Personen befragen« beginnen.

   Fragen Sie wieder: »Welche wichtigen Teiltätigkeiten müssen durchgeführt werden, damit dieser Teil der Projektarbeit erledigt wird?«

   Sie legen fest, dass dafür Folgendes notwendig ist:

   - die Personen auswählen, die befragt werden sollen
   - die Fragen vorbereiten, die Sie diesen Personen stellen wollen
   - die Gespräche zeitlich planen
   - die Befragungen durchführen
   - die Ergebnisse der Befragungen erfassen

Aber warum wollen Sie hier schon aufhören? Sie können jede dieser fünf Tätigkeiten wiederum in feinere Detailtätigkeiten unterteilen. Und dann können Sie diese Tätigkeiten in noch detailliertere unterteilen. Wie weit sollen Sie dieses Spiel treiben? Der folgende Kasten gibt Ihnen einen Anhaltspunkt.

Drei Kernfragen

Eine Möglichkeit festzustellen, ob eine Aufgabe detailliert genug unterteilt wurde, besteht darin, sich die folgenden drei Fragen zu stellen:

- ✔ Können Sie ganz genau abschätzen, welche Ressourcen Sie benötigen, um die beschriebene Aufgabe auszuführen? Zu den Ressourcen gehören Personal, Anlagen, Rohstoffe, Geld, Betriebsmittel, Informationen etc.
- ✔ Können Sie genau abschätzen, wie lange die Durchführung der Tätigkeit dauern wird?
- ✔ Wenn Sie die Tätigkeit jemand anders übertragen müssten, könnten Sie sicher sein, dass er genau weiß, was zu tun ist?

Wenn Sie eine dieser Fragen mit Nein beantworten, unterteilen Sie die Aufgabe weiter.

Die Projektstruktur (Work-Breakdown-Structure) entwickeln

Wie Sie Ihre Projektstruktur entwickeln, hängt davon ab, wie vertraut Sie und Ihr Team mit dem Projekt sind, ob in der Vergangenheit ähnliche Projekte von Ihnen erfolgreich durchgeführt wurden und wie viele neue Methoden und Vorgehensweisen eingesetzt werden. Entscheiden Sie sich – je nach den Merkmalen Ihres Projekts – für eine der beiden folgenden Vorgehensweisen:

- **Top-down:** Beginnen Sie auf der oberen Ebene und erarbeiten Sie systematisch für alle Tätigkeiten immer detailliertere Stufen. Legen Sie erst fest, welche Aufgaben für das gesamte Projekt erledigt werden müssen. Dann die Tätigkeiten, die erforderlich sind, um die Aufgaben zu erledigen. Schließlich legen Sie, drittens, die Teiltätigkeiten fest, die für die Durchführung der Tätigkeiten notwendig sind.

  Diese Methode ist hilfreich, wenn man bereits *vorher* eine genaue Vorstellung von den zu erledigenden Arbeiten hat. So wird sichergestellt, dass man jede Kategorie in jeder Ebene berücksichtigt; und so wird das Risiko minimiert, Aufgaben in dieser Kategorie zu übersehen.

- **Brainstorming:** Schreiben Sie alle notwendigen Tätigkeiten, die Ihnen einfallen, auf und gruppieren Sie sie dann in unterschiedlichen Kategorien. Versuchen Sie Hauptkategorien in Unterkategorien und Untertätigkeiten zu untergliedern.

  Brainstorming ist dann hilfreich, wenn die Verantwortlichen *keine genaue* Vorstellung von den zu erledigenden Aufgaben haben. Diese Methode ermutigt die Beteiligten, alle möglichen Aufgaben zu prüfen, die eventuell erledigt werden müssen, ohne dass sie sie schon in eine endgültige Projektstruktur einbinden müssen. Wenn Sie entschieden haben, dass ein vorgeschlagener Arbeitsschritt notwendiger Bestandteil des Projekts ist, können Sie die damit in Zusammenhang stehenden Aufgaben ebenfalls berücksichtigen.

Viele Wege führen nach Rom

In der Anfangsphase der Entwicklung einer Projektstruktur hilft es manchmal, zwei oder mehr unterschiedliche hierarchische Darstellungsformen zu verwenden, um das Projekt zu beschreiben. Wenn Sie Ihr Projekt aus zwei verschiedenen Perspektiven betrachten, erkennen Sie vielleicht notwendige Tätigkeiten, die Sie andernfalls übersehen hätten.

Angenommen, eine Gemeinde möchte ein Rehabilitationszentrum für Drogenabhängige einrichten. In den Abbildungen 3.2 und 3.3 finden Sie zwei unterschiedliche Darstellungsformen, die beide geeignet sind, um die für die Eröffnung dieses Zentrums notwendigen Aufgaben zu unterteilen.

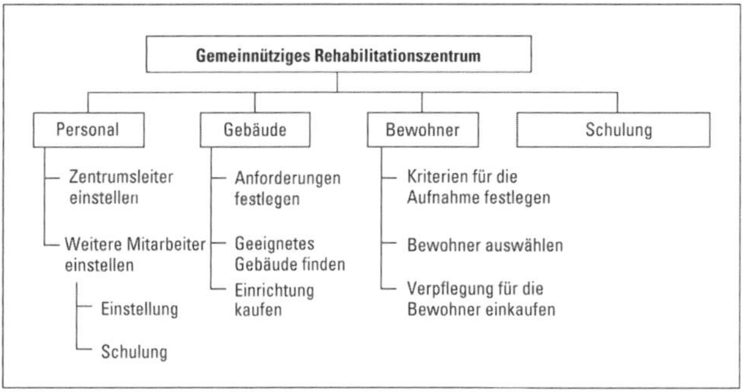

Abbildung 3.2: Eine Projektstruktur zur Vorbereitung der Eröffnung eines Rehabilitationszentrums.

In Abbildung 3.2 werden folgende *Projektkomponenten* als Aufgaben der ersten Kategorieebene definiert: Personal, Gebäude, Bewohner (Betroffene, die in der Einrichtung wohnen und die Dienstleistungen in Anspruch nehmen), Schulung.

In Abbildung 3.3 sind die Funktionen als Aufgaben definiert: Planung, Einstellung, Einkauf, Schulung. In beiden Projektstrukturen sind dieselben Teiltätigkeiten definiert.

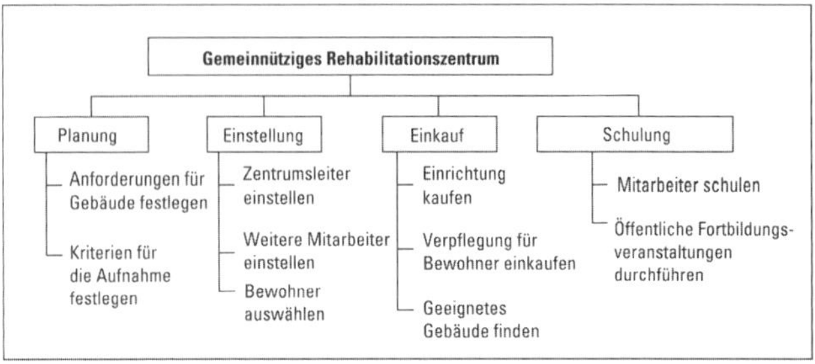

Abbildung 3.3: Eine weitere Projektstruktur zur Vorbereitung der Eröffnung eines Rehabilitationszentrums.

Wenn Sie Ihr Projekt im Rahmen von Funktionen sehen, die ausgeführt werden müssen (und nicht als Projektkomponenten, die erfüllt werden müssen), werden Sie feststellen, dass Sie folgende Tätigkeiten vergessen haben:

- ✔ Sie haben keinen Planungsprozess für die Einstellung der Mitarbeiter festgelegt.
- ✔ Sie haben keine Aufgabe festgelegt, die bestimmt, dass das notwendige Material für die Mitarbeiter eingekauft wird.
- ✔ Sie haben keinen Planungsprozess für die Durchführung der Fortbildungsveranstaltungen berücksichtigt.

Wenn Sie herausgefunden haben, welche Tätigkeiten Sie übersehen haben, können Sie sie in eine der beiden Projektstrukturen aufnehmen.

Bevor Sie die Planungsphase verlassen, sollten Sie sich für eine Projektstruktur entscheiden. Nichts verwirrt die Beteiligten schneller, als wenn man versucht, noch während der Durchführungsphase dasselbe Projekt mit zwei oder mehr verschiedenen Projektstrukturen zu beschreiben.

Die Qualität der Projektstruktur verbessern

Sie können die Wahrscheinlichkeit eines Projekterfolgs erhöhen, wenn die Projektstruktur genau und vollständig ist *und* wenn die Personen, die die Aufgaben erledigen sollen, sie verstehen und mit ihr einverstanden sind. Die nachfolgenden Tipps zeigen Ihnen Möglichkeiten auf, wie Sie die Genauigkeit und Akzeptanz Ihrer Projektstruktur verbessern können.

- ✔ **Beziehen Sie die Personen, die später die eigentliche Arbeit erledigen sollen, in die Entwicklung der Projektstruktur mit ein.**
- ✔ **Holen Sie sich Informationen aus anderen Projektstrukturen von ähnlichen Projekten und integrieren Sie sie so weit wie möglich.**
- ✔ **Aktualisieren Sie Ihre Projektstruktur regelmäßig.** Wenn Sie im Verlauf des Projekts Tätigkeiten hinzufügen, streichen oder ändern, vergessen Sie nicht, dies auch in Ihrem Projektstrukturplan zu tun.
- ✔ **Bei unsicheren Tätigkeiten legen Sie Annahmen fest.** Wenn sich Ihre Annahme im Verlauf des Projekts als falsch erweist, ändern Sie den Plan, sodass er die tatsächlichen Gegebenheiten widerspiegelt.

- **Denken Sie immer daran, dass Ihre Projektstruktur lediglich die Teiltätigkeiten einer Aufgabe darstellt; sie erlaubt keine Aussage darüber, in welcher Reihenfolge Tätigkeiten durchgeführt werden müssen.** Der Sinn der Work-Breakdown-Structure ist in erster Linie sicherzustellen, dass alle notwendigen Tätigkeiten erfasst werden.

Risiken bei der Aufgabenunterteilung erkennen

Die Entwicklung einer Projektstruktur hilft Ihnen nicht nur, die Tätigkeiten zu ermitteln, die ausgeführt werden müssen, sondern auch, unbekannte Größen zu erkennen, die Probleme verursachen könnten. Während Sie Ihr Projekt durchdenken, tauchen häufig Faktoren auf, die Einfluss darauf haben, wie oder ob Sie eine bestimmte Tätigkeit ausführen können. Manchmal kennt man diese Faktoren ganz genau, manchmal stellen sie eine unbekannte Größe dar.

Unbekannte Größen, von denen Sie meinen, sie müssten geklärt werden, lassen sich in zwei Kategorien unterteilen:

- **Eine bekannte Unbekannte:** Informationen, über die nicht Sie verfügen, sondern jemand anders
- **Eine unbekannte Unbekannte:** Informationen, über die Sie nicht verfügen, weil sie einfach nicht existieren

IN DIESEM KAPITEL

Einen Netzplan entwickeln und analysieren

Die Dauer von Tätigkeiten einschätzen

Zeitpläne darstellen

Kapitel 4
Wer will was bis wann erledigt haben?

Es gibt immer eine Terminvorgabe. Vielleicht wissen Sie noch nicht genau, wann Ihr Projekt beendet sein wird, aber Sie müssen genau wissen, bis wann es beendet sein muss.

Wenn Sie den Auftrag für ein Projekt bekommen, wissen Sie meist nicht, wie lange die Durchführung dauern wird. Ihre erste Reaktion beruht daher eher auf Furcht als auf Fakten, vor allem wenn Sie mit unterschiedlichen Verantwortungsbereichen jonglieren müssen und das Projekt sehr komplex ist.

Sie müssen mit einer gut strukturierten Methode klären, wie Sie die Projektaufgaben durchführen wollen, welche Zeitpläne am Anfang noch möglich sind und was Sie tun können, um Termine einhalten zu können, die zunächst unrealistisch erscheinen. Dieses Kapitel zeigt Ihnen, wie man Zeitpläne entwirft, die realistisch sind.

Den Zeitrahmen abschätzen

Angenommen, Sie bekommen den Auftrag für ein Projekt, das aus zehn Tätigkeiten besteht, für die jeweils eine Woche nötig ist. Wie lange würde es dauern, um das Projekt zu beenden? Die Wahrheit ist, dass Sie es nicht wissen. Das Projekt könnte schon nach einer Woche abgeschlossen sein, wenn alle Tätigkeiten gleichzeitig ausgeführt werden können und Sie die notwendigen Hilfsmittel zur Verfügung hätten. Das Projekt könnte aber auch zehn Wochen in Anspruch nehmen, wenn Sie die Tätigkeiten der Reihe nach durchführen müssen. Oder Ihr Projekt könnte zwischen einer und zehn Wochen dauern, wenn einige Tätigkeiten parallel durchgeführt werden können.

Die gesamte Zeit, die für ein Aufgabenpaket benötigt wird, hängt von folgenden Faktoren ab:

- **Dauer:** Wie lange dauern die einzelnen Tätigkeiten?
- **Ablauf:** In welcher Reihenfolge werden die Tätigkeiten ausgeführt?

Tätigkeitsdauer und Beziehungen zwischen den Tätigkeiten kann man, wenn man einen Zeitplan für kleinere Projekte aufstellt, im Kopf abschätzen. Bei Projekten mit 15 bis 20 Tätigkeiten, von denen man viele gleichzeitig durchführen kann, braucht man eine Methode, die einem bei der Analyse hilft.

Dieses Kapitel hilft Ihnen, realistische Zeitpläne zu entwickeln; hier wird gezeigt, wie Sie Netzpläne erstellen und dann das für Ihr Projekt am besten geeignete Vorgehen auswählen.

Die Elemente eines Netzplans

Ein *Netzplan* ist eine Grafik, mit der man die Reihenfolge darstellt, in der die Projekttätigkeiten durchgeführt werden sollen. Betrachten Sie den Netzplan als Versuchslabor Ihres Projekts: Er gibt Ihnen die Möglichkeit, verschiedene Projektstrategien auszuprobieren, bevor Sie die Arbeiten tatsächlich durchführen.

Egal wie komplex Ihr Projekt ist, ein Netzplan enthält immer drei Elemente:

- **Ereignis**: *Ereignisse* oder *Meilensteine* zeigen an, dass Sie einen bestimmten Punkt auf dem Weg zu Ihrem Ziel erreicht haben. Ereignisse markieren den Beginn oder das Ende eines Vorgangs oder einer Gruppe von Vorgängen. Beispielsweise kann »Berichtsentwurf genehmigt« oder »Skizze begonnen« ein solches Ereignis sein.
- **Vorgang**: Ein *Vorgang* ist die notwendige Tätigkeit, die erledigt werden muss, um in Ihrem Projekt von einem Ereignis zum nächsten zu gelangen. Solche Vorgänge oder Tätigkeiten haben eine Dauer und verbrauchen Ressourcen; sie werden mithilfe von aktiven Verben beschrieben. Solche Vorgänge können beispielsweise sein: *Berichtsformat entwerfen* oder *Bedarf für ein neues Produkt ermitteln.*
- **Dauer**: Die *Dauer* ist die tatsächliche Zeit, die notwendig ist, um einen Vorgang zu beenden. Faktoren wie der notwendige Arbeitsaufwand, personelle Ressourcen und die Frage, ob zwei oder mehr

Personen gleichzeitig an einem Vorgang arbeiten können, beeinflussen die Dauer eines Vorgangs. *Kapazität* (zum Beispiel die Rechengeschwindigkeit eines Computers oder die Geschwindigkeit, mit der ein Drucker eine Seite ausdrucken kann) und die Verfügbarkeit anderer Ressourcen können ebenfalls die Vorgangsdauer beeinflussen.

Der kritische Pfad

Wenn Sie die Reihenfolge Ihrer Projektvorgänge festlegen, ergibt sich ein Pfad. In einem Netzplan unterscheidet man zwischen dem kritischen und dem nicht-kritischen Pfad. Der kritische Pfad ist eine Folge von Vorgängen in Ihrem Projekt, deren Beendigung am längsten dauert. Der nicht-kritische Pfad dagegen ist eine Folge von Vorgängen, die Sie bis zu einem gewissen Grad verzögern und das Projekt trotzdem noch in der kürzestmöglichen Zeit beenden können.

Wie Sie Ihren Netzplan entwickeln

Um einen eigenen Netzplan für Ihr Projekt zeichnen zu können, müssen Sie festlegen, in welcher Reihenfolge Sie die einzelnen Vorgänge durchführen werden.

Der Vorgänger

Ein *Vorgänger* von Vorgang 4 ist ein Vorgang, den man beendet haben muss, bevor mit Vorgang 4 begonnen werden kann. Ein Vorgang ist ein *unmittelbarer* Vorgänger von Vorgang 4, wenn man zwischen dem Ende dieses Vorgangs und dem Beginn von Vorgang 4 keine weiteren Vorgänge beenden muss.

Ermitteln Sie für jeden Vorgang den unmittelbaren Vorgänger und schon haben Sie alle Informationen, die Sie benötigen, um den Netzplan für Ihr Projekt zeichnen zu können. Beziehungen zwischen Vorgängen basieren auf einigen Grundannahmen:

- ✔ **Zwingende Beziehungen:** Beziehungen, die beachtet werden müssen, um das Projekt erfolgreich zu Ende zu führen.
  - **Rechtliche Anforderungen:** Gesetze und Regularien, die festlegen, dass bestimmte Dinge vor anderen erledigt werden müssen.

    Angenommen, ein Pharmaunternehmen hat ein neues Medikament entwickelt und die Sicherheit und Wirksamkeit dieses Medikaments in klinischen Tests nachgewiesen. Der Hersteller möchte jetzt sofort mit der Produktion und dem Vertrieb des Medikaments beginnen, aber das ist unmöglich. Zunächst müssen die entsprechenden Behörden die Zulassung erteilen, bevor der Verkauf beginnen kann.

- **Ablaufbedingte Voraussetzungen:** Unternehmensrichtlinien und Abläufe, die festlegen, dass bestimmte Dinge vor anderen erledigt werden müssen.

  Angenommen, Sie sollen für Ihr Unternehmen eine neue Softwarekomponente entwickeln. Den Entwurf haben Sie fertig und jetzt möchten Sie mit der Programmierung beginnen. In Ihrem Unternehmen gilt jedoch eine Systementwicklungsmethode, die festlegt, dass ein gesonderter Managementausschuss diesen Entwurf offiziell genehmigen muss, bevor Sie mit der eigentlichen Programmierung beginnen können.

✔ **Individuell festgelegte Abhängigkeiten:** Abhängigkeiten, die Sie festgelegt haben.

- **Logische Beziehungen:** Logische Beziehungen bestehen dann, wenn man sich dazu entschließt, einen bestimmten Vorgang vor anderen Vorgängen durchzuführen, weil das am sinnvollsten erscheint.

  Angenommen, Sie sollen einen Bericht schreiben. Da vieles von dem, was Sie in Kapitel 3 schreiben, davon abhängt, was Sie in Kapitel 2 schreiben, werden Sie zunächst Kapitel 2 schreiben. Natürlich könnten Sie auch zuerst Kapitel 3 oder sogar beide gleichzeitig schreiben, aber das würde die Wahrscheinlichkeit vergrößern, einen Teil von Kapitel 3 neu schreiben zu müssen, nachdem Sie Kapitel 2 fertiggestellt haben.

- **Organisatorische Festlegungen:** Dies sind willkürliche Entscheidungen, eine bestimmte Aufgabe vor anderen zu erledigen.

Möglicherweise ist ein Vorgang schwieriger und problematischer als ein anderer. Solche Gründe können die Entscheidung der Führungsebene beeinflussen, die Beziehungen zwischen Vorgängen in einem Projekt zu verändern.

Achten Sie auf parallele Vorgänge

Angenommen, die Vorgänge A und B könnten gleichzeitig durchgeführt werden. Machen Sie aus A nicht den unmittelbaren Vorgänger für B, nur weil die betreffende Person nur einen Vorgang zur gleichen Zeit bearbeiten kann. Wenn Sie darstellen, dass beide Vorgänge parallel laufen könnten, können Sie besser abschätzen, welchen Einfluss es auf Ihr Projekt hätte, wenn man Ihnen sagen würde, dass Sie noch eine weitere Person zugeteilt bekommen, die Ihnen dabei helfen kann.

Ein einfaches Beispiel per Netzplan darstellen

Eine anstrengende Woche ist vorbei und es ist endlich Freitagabend. Sie und Ihre Freundin überlegen sich, am nächsten Tag ein Picknick zu veranstalten. Sie wollen diesen Ausflug sorgfältig vorbereiten, indem Sie einen Netzplan zeichnen und analysieren.

Tabelle 4.1 zeigt die sieben Vorgänge, die Sie zur Vorbereitung des Picknicks und der Fahrt zum See durchführen müssen.

Vorgangs-bezeichnung	Beschreibung	Wer erledigt es	Dauer (in Minuten)
1	Auto beladen	Sie und Ihre Freundin	5
2	Geld von der Bank holen	Sie	5
3	Ei-Brote schmieren	Ihre Freundin	10
4	Fahrt zum See	Sie und Ihre Freundin	30
5	Entscheiden, welcher See	Sie und Ihre Freundin	2
6	Tanken	Sie	10
7	Eier kochen (für die Brote)	Ihre Freundin	10

Tabelle 4.1: Notwendige Tätigkeiten zur Vorbereitung des Picknicks am See

Außerdem beschließen Sie beide, folgende Beschränkungen einzuhalten:

- ✔ Alle Tätigkeiten beginnen am Samstagmorgen um 8 Uhr in Ihrer Wohnung – vorher können Sie nichts tun.
- ✔ Sie müssen alle Vorgänge beendet haben, bevor das Projekt beendet ist.
- ✔ Sie können bei den Tätigkeiten nicht die Rollen tauschen.
- ✔ Die beiden Seen, die infrage kommen, liegen von Ihrer Wohnung aus in entgegengesetzter Richtung, also müssen Sie sich für einen entscheiden, bevor Sie losfahren.

Als Erstes müssen Sie sich über die Reihenfolge einigen, in der Sie die verschiedenen Vorgänge/Tätigkeiten durchführen wollen. Mit anderen Worten: Sie legen die unmittelbaren Vorgänger für jeden Vorgang fest. Folgende Abhängigkeiten sind vorgegeben: Ihre Freundin muss die Eier kochen, bevor sie die Brote schmieren kann, und Sie beide müssen sich für einen See entscheiden, bevor Sie losfahren können.

In welcher Reihenfolge Sie die restlichen Aktivitäten durchführen, bleibt Ihnen überlassen. Sie könnten folgendermaßen vorgehen:

- ✔ Sie entscheiden, zu welchem See Sie fahren wollen, bevor Sie irgendetwas anderes tun.
- ✔ Sobald Sie beide sich für einen See entschieden haben, fahren Sie zur Bank und holen Geld.
- ✔ Nachdem Sie Geld von der Bank geholt haben, fahren Sie zum Tanken.
- ✔ Sobald Sie beide sich für einen See entschieden haben, beginnt Ihre Freundin damit, die Eier zu kochen.
- ✔ Sobald die Eier gekocht sind, schmiert Ihre Freundin die Brote.
- ✔ Sobald Sie mit dem vollen Tank nach Hause kommen und Ihre Freundin die Brote fertig hat, können Sie das Auto beladen.
- ✔ Gleich nachdem Sie das Auto beladen haben, fahren Sie los.

Tabelle 4.2 zeigt die Vorgängerbeziehungen, die Sie festgelegt haben.

Vorgangs-bezeichnung	Beschreibung	Unmittelbare Vorgänger
1	Auto beladen	3, 6
2	Geld von der Bank holen	5
3	Ei-Brote schmieren	7
4	Fahrt zum See	1
5	Entscheiden, welcher See	Keine
6	Tanken	2
7	Eier kochen (für die Brote)	5

Tabelle 4.2: Vorgängerbeziehungen für Ihr Picknick

Entsprechend den Informationen aus der Tabelle sollten Sie Ihren Netzplan nun folgendermaßen zeichnen.

1. **Beginnen Sie Ihr Projekt mit einem einzelnen Ereignis *Start*.**
2. **Als Nächstes suchen Sie sich all die Vorgänge heraus, die keinen unmittelbaren Vorgänger haben – all diese Vorgänge können sofort nach Projektbeginn beginnen.**

   In diesem Fall ist Vorgang 5 der einzige, auf den das zutrifft.
3. **Beginnen Sie Ihren Netzplan, indem Sie diese Beziehungen wie in Abbildung 4.1 gezeigt, darstellen.**

   Schreiben Sie diesen Vorgang in einen Kasten und zeichnen Sie einen Pfeil aus dem Ereignis »Start« zu diesem Kasten.

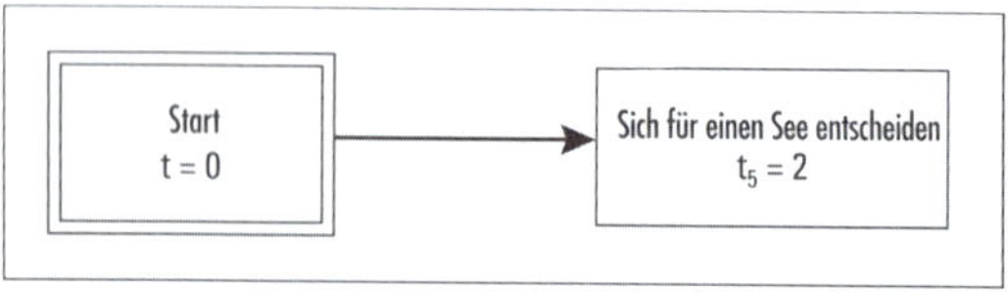

Abbildung 4.1: Der erste Teil des Netzplans für Ihr Picknick-am-See-Projekt.

4. **Suchen Sie alle Vorgänge heraus, die den ersten Vorgang als unmittelbaren Vorgänger haben.**

   Aus Tabelle 4.2 entnehmen Sie, dass es zwei sind: Vorgang 2 und 7 haben Vorgang 5 als unmittelbaren Vorgänger. Schreiben Sie die beiden Vorgänge in Kästen und zeichnen Sie Pfeile von Vorgang 5 zu diesen Kästen.

5. **Machen Sie so weiter.**

   Sie erkennen anhand der Tabelle, dass der Vorgang 6 der einzige Vorgang ist, der Vorgang 2 als unmittelbaren Vorgänger hat. Zeichnen Sie einen Kasten, der Vorgang 6 darstellt, und einen Pfeil von Vorgang 2 zu Vorgang 6.

   Die Tabelle zeigt außerdem, dass Vorgang 3 der einzige Vorgang ist, der Vorgang 7 als unmittelbaren Vorgänger hat. Zeichnen Sie einen Kasten, der Vorgang 3 darstellt, und einen Pfeil von Vorgang 7 zu Vorgang 3. Der jetzige Status Ihres Netzplans ist in Abbildung 4.2 dargestellt.

   Sie sehen nun, dass Vorgang 1 sowohl Vorgang 3 als auch Vorgang 6 als unmittelbare Vorgänger hat.

6. **Zeichnen Sie für Vorgang 1 einen Kasten und Pfeile von Vorgang 3 zu Vorgang 1 und von Vorgang 6 zu Vorgang 1.**

   Der Rest ist ziemlich einfach. Vorgang 4 ist der einzige Vorgang, der Vorgang 1 als unmittelbaren Vorgänger hat.

7. **Zeichnen Sie deshalb einen Kasten für Vorgang 4 und einen Pfeil von Vorgang 1 zu Vorgang 4.**

8. **Und schließlich zeichnen Sie für das Ereignis *Ende* einen Kasten und einen Pfeil von Vorgang 4 zu dem Ereignis *Ende*.**

In Abbildung 4.3 ist der komplette Netzplan für Ihr Projekt dargestellt.

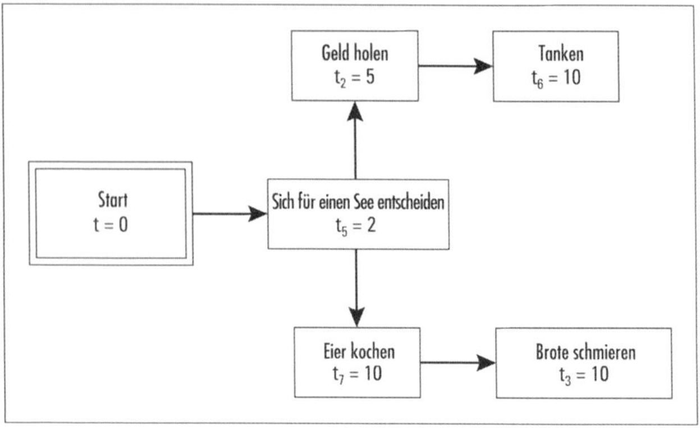

Abbildung 4.2: Der zweite Teil Ihres Picknick-am-See-Netzplans.

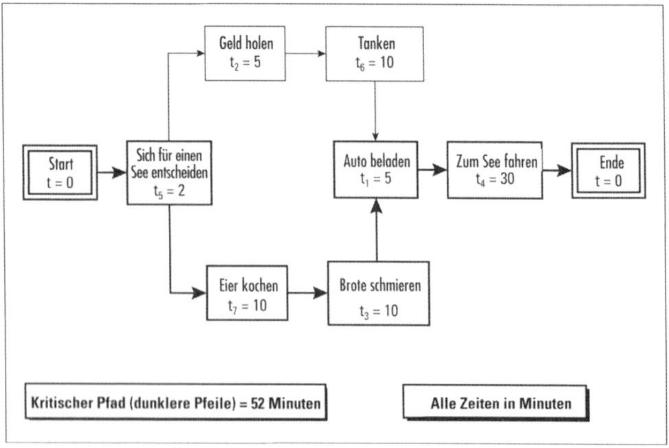

Abbildung 4.3: Der fertige Netzplan für Ihr Picknick-am-See-Projekt im Vorgangspfeil-Netzplanformat.

Und jetzt zu den entscheidenden Fragen. Wie lange dauert es, bis Sie am See sind und Ihr Picknick machen können? Der obere Pfad (Vorgänge 2 und 6) dauert 15 Minuten. Der untere Pfad (Vorgänge 7 und 3) dauert 20 Minuten. Der kritische Pfad ist der längste Pfad durch ein Projekt. In diesem Fall besteht er aus den Vorgängen 5, 7, 3, 1 und 4. Das heißt, es dauert 57 Minuten, bis Sie zu dem See kommen, wenn Sie dem Netzplan folgen.

Können Sie bestimmte Vorgänge hinauszögern und trotzdem noch nach 57 Minuten am See sein? Wenn ja, welche?

- ✔ Der obere Pfad, der aus den Vorgängen 2 und 6 besteht, ist ein nicht-kritischer Pfad.
- ✔ Der Netzplan zeigt, dass sich die Vorgänge 5, 7, 3, 1 und 4 auf dem kritischen Pfad befinden und deshalb überhaupt nicht verzögert werden dürfen, wenn Sie nach 57 Minuten am See sein möchten.
- ✔ Die Vorgänge 2 und 6 können aber gleichzeitig mit den Vorgängen 7 und 3 durchgeführt werden. Für die Durchführung von Vorgang 7 und 3 werden 20 Minuten gebraucht, während die Vorgänge 2 und 6 15 Minuten dauern. Also haben die Vorgänge 2 und 6 zusammen eine Pufferzeit von fünf Minuten.

Einen Zeitplan entwickeln

Um den tatsächlichen Zeitplan festzulegen, müssen Sie eine Kombination aus Vorgängen, Ressourcen und Vorgangsfolgen finden, bei der die Wahrscheinlichkeit am größten ist, dass Sie die Erwartungen der Beteiligten erfüllen, und die am wenigsten riskant ist.

Nachdem Sie die Projektvorgänge ermittelt haben (siehe Projektstrukturplan in Kapitel 3), gehen Sie folgendermaßen vor, um einen ersten Entwurf Ihres Zeitplans zu erstellen:

1. **Ermitteln Sie die unmittelbaren Vorgänger aller Vorgänge im Projekt.**

   Die unmittelbaren Vorgänger bestimmen die Netzplanstruktur.

2. **Schätzen Sie die Dauer der einzelnen Vorgänge ab.**

   Lesen Sie dazu den Abschnitt zur Einschätzung der Vorgangsdauer weiter hinten in diesem Kapitel.

3. **Ermitteln Sie die Endtermine für die Zwischenergebnisse und für das gesamte Projekt, die eingehalten werden müssen.**

   Diese legen die Kriterien fest, die Ihr Zeitplan erfüllen muss.

4. **Ermitteln Sie alle Vorgänge oder Ereignisse außerhalb Ihres Projekts, die Einfluss auf die Durchführung Ihres Projekts haben könnten.**

   Sobald Sie diese kennen, können Sie die entsprechenden Abhängigkeiten zwischen ihnen und Ihren Projektvorgängen und Ereignissen ermitteln.

5. **Zeichnen Sie Ihren Netzplan.**

   Bestimmen Sie mithilfe Ihres Netzplans, welche Endtermine Sie mit Ihrem Projekt einhalten können und welche nicht.

6. **Analysieren Sie Ihren Netzplan und finden Sie heraus, welches die kritischen Pfade sind und wie lange sie dauern sowie die Pufferzeiten der nicht-kritischen Pfade.**

> Diese Informationen helfen Ihnen dabei zu entscheiden, welche Vorgänge Sie wie oft überwachen wollen. Außerdem geben sie Ihnen Hinweise dazu, wie Sie wieder in Ihren ursprünglichen Zeitplan kommen, nachdem es zu unerwarteten Verzögerungen gekommen ist.

Wenn der so ermittelte Endzeitpunkt Ihres Projekts die Zustimmung aller Beteiligten und der Auftraggeber findet, sind Sie mit der Zeitplanung fertig. Wenn man aber von Ihnen verlangt, das Projekt früher zu beenden, als im ersten Entwurf vorgesehen, fängt die eigentliche Arbeit erst richtig an.

Festgelegte Zeitvorgaben einhalten

Sie müssen eine Möglichkeit finden, Ihr Projekt in weniger als der ursprünglich eingeplanten Zeit zu beenden. Sie haben jetzt folgende Möglichkeiten:

✔ **Die ursprünglichen Zeitschätzungen prüfen.**

- Achten Sie darauf, ob die Tätigkeiten detailliert genug beschrieben sind.
- Falls vergangene Projekte als Grundlage für die Einschätzung der Vorgangsdauer dienten, prüfen Sie noch einmal, ob alle Aspekte Ihrer jetzigen Situation dieselben sind wie bei dem anderen Projekt, auf dem Ihre Schätzungen basieren.
- Bitten Sie andere Experten und Projektteilnehmer, Ihre Schätzungen zu überprüfen und zu bestätigen.

✔ **Mehr qualifiziertes Personal einsetzen.** Manchmal können erfahrenere Mitarbeiter Aufgaben schneller erledigen. Natürlich kann der Einsatz von qualifizierterem Personal mehr kosten.

- **Unterschiedliche Strategien zur Durchführung der Vorgänge durchdenken.** Wenn Sie beispielsweise alles intern abarbeiten wollten, können Sie überlegen, ob Sie Aufträge nach außen vergeben. Oder umgekehrt: Falls Sie geplant hatten, Aufträge nach außen zu vergeben, könnten Sie sie nun intern erledigen lassen.
- **Überlegen Sie, ob Sie per *Fast Tracking* bestimmte Vorgänge aus dem kritischen Pfad herauslösen können, indem Sie sie parallel mit einem oder mehreren anderen Vorgängen auf dem kritischen Pfad bearbeiten.**

Fast Tracking

Als *Fast Tracking* (paralleles Arbeiten) bezeichnet man die Durchführung von zwei oder mehr Vorgängen gleichzeitig, um die Gesamtprojektzeit zu verringern. Auch wenn es manchmal möglich ist, ein Projekt auf diese Weise zu beschleunigen, so steigt auch das Risiko, dass bestimmte Arbeiten noch einmal gemacht werden müssen.

Die erforderliche Zeit reduzieren

Eine Möglichkeit, die Länge eines Pfades zu verkürzen, besteht darin, einen oder mehrere Vorgänge aus dem Pfad zu entfernen und sie parallel zu den übrigen Vorgängen abzuarbeiten. Allerdings muss man schon kreativ sein, um einen Plan zu entwerfen, der sowohl Zeit spart als auch funktioniert.

Nehmen wir als Beispiel die 57-Minuten-Lösung aus dem Picknickbeispiel. In Abbildung 4.4 ist eine 45-Minuten-Lösung dargestellt, bei der im Unterschied zur 57-Minuten-Lösung aus Abbildung 4.3 einige Vorgänge parallel stattfinden:

- ✔ Sie holen Geld aus dem Geldautomaten an der Tankstelle, während Sie tanken.
- ✔ Sie überlegen, zu welchem See Sie fahren wollen, während Sie das Auto beladen.
- ✔ Während Sie das Auto fahren, sitzt Ihre Freundin auf dem Beifahrersitz und schmiert die Brote.

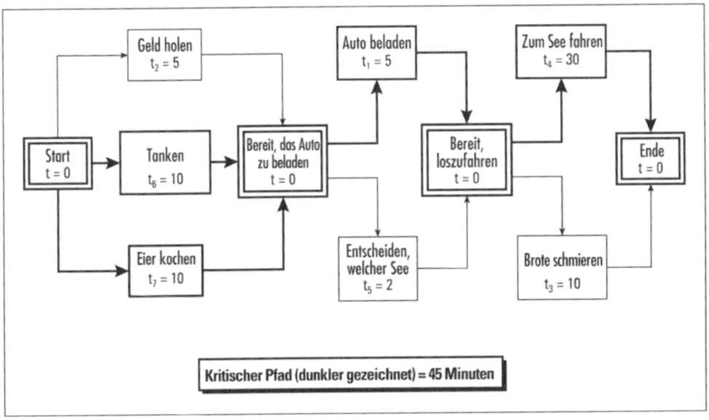

Abbildung 4.4: In 45 Minuten zum Picknick am See kommen.

Ich muss zugeben, dass diese Beispiele nicht immer praktikabel sind, aber sie sollen Ihnen nur klarmachen, dass sich mit einer Umstrukturierung der Vorgänge der Zeitablauf tatsächlich verkürzen lässt.

In unserem Picknick-am-See-Beispiel sind Sie für die 45-Minuten-Lösung von folgenden Annahmen ausgegangen:

- ✔ Sie müssen an der Tankstelle, wenn Sie dort um kurz nach 8 Uhr eintreffen, nicht warten, bevor eine Zapfsäule frei wird.
- ✔ Sie müssen an der Kasse nicht warten.
- ✔ Der Geldautomat ist frei und funktionsfähig.
- ✔ Sie und Ihre Freundin können das Auto beladen und die Entscheidung fällen, ohne dass Sie in Streit geraten, den Sie erst nach einer Stunde beilegen können.
- ✔ Ihre Freundin kann während der Fahrt im Auto die Brote schmieren, ohne dabei die Sitze zu ruinieren.

Keine Verkürzung ohne mehr Komplexität

Wenn Sie das Gefühl bekommen, die Sache wird kompliziert, dann haben Sie recht. Die Verkürzung von Vorgängen gibt es nicht umsonst:

- ✔ **Gestiegene Planungszeit:** Sie müssen sämtliche Vorgänge und deren Beziehungen zueinander genau aufzeichnen; Fehler können Sie sich hier nicht leisten.
- ✔ **Gestiegenes Risiko:** Die Liste mit den Annahmen wird länger und die Wahrscheinlichkeit steigt, dass eine oder mehrere der Annahmen nicht zutreffen.

Bei der Festlegung von Annahmen haben Sie aber zwei Möglichkeiten: Sie können entweder Schritte unternehmen, die dazu beitragen, dass die Annahmen mit größerer Wahrscheinlichkeit eintreten, oder Sie können Ausweichpläne für den Fall machen, dass die Annahmen nicht eintreten.

Vorgangsdauer schätzen

Eine Vorgangsdauer-Schätzung ist Ihre realistische Einschätzung darüber, wie lange es tatsächlich dauert, einen bestimmten Vorgang durchzuführen. Die Einflussfaktoren eines Vorgangs bestimmen, wie lange er dauert. Deshalb ist es so wichtig, dass Sie zunächst die unterschiedlichen Aspekte und ihre Auswirkung auf den gesamten Vorgang bestimmen, um die Dauer möglichst genau einzuschätzen.

Wenn Sie die Vorgangszeiten für die einzelnen Vorgänge schätzen, beschreiben Sie zunächst folgende Komponenten jedes einzelnen Vorgangs:

- **Vorgänge, die von Menschen ausgeführt werden:** Dies sind physische oder mentale Tätigkeiten, die von Menschen geleistet werden. Das kann das Schreiben eines Berichts, das Zusammensetzen eines Werkstücks oder die Ideenfindung für eine Werbekampagne sein.
- **Vorgänge, die nicht von Menschen ausgeführt werden:** Hierzu gehört zum Beispiel der Testlauf einer Software auf einem Computer, das Kopieren eines Berichts auf einem Hochgeschwindigkeitskopierer.

- **Prozesse:** Dies können physikalische oder chemische Reaktionen sein, zum Beispiel das Durchhärten von Beton, das Trocknen von Farbe oder chemische Reaktionen in einem Labor.
- **Verzögerungen:** Zeit, die verstreicht, ohne dass Ressourcen irgendwelche Arbeiten leisten. Verzögerungen entstehen meistens durch fehlende Ressourcen, zum Beispiel die Notwendigkeit, Konferenzräume zwei Wochen im Voraus reservieren zu lassen.

Merkmale von Ressourcen

Wenn Sie die unterschiedlichen Arten von Ressourcen kennen, die für einen Vorgang notwendig sind, können Sie die Schätzung der Vorgangsdauer verbessern. Beispielsweise kopieren nicht alle Kopiergeräte gleich schnell. Wenn Sie die Eigenschaften des jeweiligen Geräts gut kennen, können Sie Ihre Zeitschätzung verbessern.

Folgende Arten von Ressourcen können zur Durchführung von Projektarbeit notwendig sein: Personal, Anlagen, Betriebsmittel, Rohstoffe, Informationen, Budgets

Stellen Sie für jede benötigte Ressource Folgendes fest:

- **Kapazität:** Produktivität pro Zeiteinheit
- **Verfügbarkeit:** Wann ist die Ressource verfügbar?

Ein Kopiergerät, das beispielsweise 1.000 Kopien pro Minute schafft, kann einen Druckauftrag in der Hälfte der Zeit einer Maschine erledigen, die 500 Kopien pro Minute schafft.

IN DIESEM KAPITEL

Autorität, Verpflichtung und Verantwortlichkeit definieren

Schlüsselaufgaben verteilen

Kapitel 5
Rollen und Verantwortungsbereiche der Teammitglieder festlegen

Normalerweise gehören zu einem Projektteam Mitarbeiter aus ganz unterschiedlichen Unternehmensbereichen, die unterschiedliche Fachkenntnisse und Arbeitsmethoden haben. Vielleicht haben Sie noch nie zuvor intensiv mit diesen Personen zusammengearbeitet. Meistens gibt es für ein Projekt einen sehr engen Zeitplan und Ihre Teammitglieder arbeiten wahrscheinlich an mehreren Projekten gleichzeitig mit.

In einem solchen Umfeld können Sie nur dann erfolgreich sein, wenn Sie sich mit Ihren Teammitgliedern darauf einigen, wie sich der Beitrag jedes Einzelnen maximieren lässt und man möglichst wenig Zeit verschwendet und Fehler vermeidet. Sie müssen eine

Vorgehensweise finden, die Ihnen und den anderen die Sicherheit gibt, dass jeder seinen Verpflichtungen nachkommen kann. Dazu müssen Sie die vorgesehenen Rollenverteilungen verstehen.

In diesem Kapitel erkläre ich die unterschiedlichen Ausprägungen der Beteiligung einzelner Teammitglieder und wie man Schlüsselaufgaben festlegt.

Die zentralen Begriffe

Eine typische Projektaktivität enthält die Durchführung bestimmter Arbeitsschritte, das Treffen von Entscheidungen und die Koordination der Arbeit anderer. Um die Aufgaben mit einem Minimum an Zeit und Ressourcenverbrauch zu erledigen, muss jeder Arbeitsschritt in der richtigen Reihenfolge durchgeführt werden und jeder muss höchst effizient arbeiten.

Um die Arbeit zu koordinieren, die Teammitglieder im Rahmen einer Projektarbeit übernehmen können, sollten Sie als Erstes Rollen festlegen. Mithilfe folgender Begriffe sollten Sie festlegen und klären, welche Beziehungen zwischen den einzelnen Teammitgliedern herrschen und wie sie ihre Aufgaben angehen sollten:

- ✔ **Autorität:** Dies ist die Fähigkeit, verbindliche Entscheidungen bezüglich Projektprodukten, Zeitplänen, Ressourcen und Maßnahmen treffen zu können. Hierzu gehört beispielsweise die Kompetenz, selbstständig Einkäufe bis zu einer Höhe von 3.000 Euro tätigen zu können oder Zeitpläne um maximal zwei Wochen zu verschieben.

- ✔ **Verpflichtung:** Die Festlegung, bestimmte Ergebnisse zu erzielen. Beispielsweise das Versprechen, einen Berichtsentwurf bis zum 1. März fertigzustellen.

- ✔ **Verantwortlichkeit:** Verantwortung für seine eigene Leistung übernehmen. Wenn Ihr Vorgesetzter in seiner Beurteilung erwähnt, dass Sie ein schwieriges Fertigungsproblem gelöst haben, dann ist auch das ein Beispiel für Verantwortlichkeit.

  Viele Menschen sind der Meinung, Verantwortlichkeit wäre ein negativ besetzter Begriff – wenn sie etwas vermasseln, müssen sie es ausbaden. Diese Angst führt bei vielen Menschen dazu, dass sie Positionen meiden, in denen sie für das, was sie tun, Verantwortung übernehmen müssen. Aber etwas ausbaden zu müssen, was man vermasselt hat, ist nur die eine Seite der Medaille. Die andere Seite ist, dass man für eine gute Leistung auch belohnt wird. Diese positive Bestätigung ist ein viel besserer Motivator.

Alle drei genannten Begriffe bezeichnen ähnliche Sachverhalte. Jeder hat jedoch eine ganz besondere Bedeutung und dient dazu, Teambeziehungen zu definieren und zu stärken.

Autorität und Verpflichtung

Autorität und Verpflichtung sind ähnliche und doch unterschiedliche Begriffe. Sowohl Autorität als auch Verpflichtung wird von vornherein festgelegt. Bevor Sie mit dem Projekt beginnen, können Sie festlegen, wer welche Entscheidungen treffen darf und wer für bestimmte Ergebnisse zuständig ist.

Der Begriff *Autorität* bezieht sich vor allem auf einen Prozess, während sich *Verpflichtung* auf ein

Endergebnis bezieht. Der Begriff Autorität legt fest, welche Entscheidungen man treffen darf, aber nicht, welche Ergebnisse man erzielen soll. Verpflichtung bezieht sich auf die Ergebnisse, die man erzielt, und nicht auf die Entscheidungen, die dazu getroffen werden müssen. Denken Sie auch daran, dass Sie die Autorität, bestimmte Entscheidungen zu treffen, übertragen können, aber Sie können nicht die Verpflichtung für die Ergebnisse dieser Entscheidungen übertragen.

Die wichtigsten Projektaufgaben verteilen

Es ist überaus wichtig, dass Sie bei Ihrer Arbeit die Hilfe und Unterstützung anderer einfordern und bekommen, um das Beste aus Ihren Teammitgliedern herauszuholen. In diesem Abschnitt konzentrieren wir uns darauf, was Sie wissen müssen, um Projektrollen festzulegen und zu entscheiden, was man delegieren kann und was nicht, wie man Rollen und Verpflichtungen verteilt und jedes Teammitglied so motiviert, dass es sich für seine Arbeit verantwortlich fühlt.

Was kann delegiert werden?

Delegieren bedeutet, etwas wegzugeben, was man besitzt. Man kann Autorität delegieren, aber nicht Verantwortlichkeit – die kann man nur teilen. Sie können einer anderen Person zwar das Recht übertragen, Entscheidungen zu treffen, die eigentlich Sie selbst treffen sollen, aber Sie bleiben für die Folgen dieser Entscheidungen verantwortlich.

Es gibt drei Gründe zu delegieren:

- ✔ damit man sich um andere Dinge kümmern kann
- ✔ damit die qualifizierteste Person die Entscheidungen trifft
- ✔ um den Aufgaben- und Verantwortungsbereich einer anderen Person zu erweitern und ihr damit Gelegenheit zu geben, sich auf diesem Gebiet weiterzuentwickeln

Auch wenn die Vorteile des Delegierens erheblich sind, kann und sollte man nicht jede Aufgabe delegieren. Halten Sie sich an folgende Grundsätze:

- ✔ **Übernehmen Sie selbst die Aufgaben, die Sie am besten können.** Angenommen, Sie sind der beste Rechtsanwalt der Stadt und die Nachfrage nach Ihrer Dienstleistung für 500 Euro die Stunde ist höher, als Sie decken können. Wir nehmen außerdem an, dass Sie doppelt so schnell tippen können wie die zweitschnellste Sekretärin der Stadt, die 200 Euro pro Stunde bekommt. Sollten Sie alle Ihre Briefe selbst tippen? Nein. Denn Sie stehen vor der Entscheidung, ob Sie eine Stunde mit einer Rechtsberatung oder mit Tippen verbringen sollten.

  Wenn Sie sich für das Tippen entscheiden, würden Sie die 400 Euro sparen, die Sie der Sekretärin hätten zahlen müssen (die ja für die gleiche Arbeit zwei Stunden zu je 200 Euro gebraucht hätte). Wenn Sie dieselbe Stunde mit Rechtsberatung verbringen, würden Sie 500 Euro verdienen, wovon Sie 400 Euro an die Sekretärin zahlen müssten; dann hätten Sie noch immer 100 Euro übrig (der sogenannte *Opportunitätsgewinn*).

- **Übernehmen Sie selbst Aufgaben, die sich nicht auf dem kritischen Pfad in Ihrem Projekt befinden.** (In Kapitel 4 erfahren Sie mehr über den kritischen Pfad.) Falls eine Aktivität auf einem kritischen Pfad verzögert wird, verzögert sich dadurch der Endtermin des gesamten Projekts. Das bedeutet, wenn Sie bestimmte Arbeiten, die auf dem kritischen Pfad liegen, nicht erledigen können, weil Sie sich um andere Dinge kümmern müssen, verzögert das sofort das gesamte Projekt.
- **Übertragen Sie Aufgaben, die Sie nicht selbst klar beschreiben können, nicht auf andere.** Wenn Sie viel Zeit für die Übertragung einer Aufgabe an eine andere Person benötigen und dann immer wieder Fragen beantworten und korrigierend eingreifen müssen, dann sollten Sie die Aufgabe lieber gleich selbst erledigen!

Beim Delegieren gibt es nicht nur die Ganz-oder-gar-nicht-Variante, das heißt, eine Entscheidung entweder selbst zu fällen oder sich ganz herauszuhalten. Hier sind sechs mögliche Abstufungen für das Delegieren, die alle aufeinander aufbauen und die die jeweils nachfolgende Stufe enthalten.

- **Mach mich schlau:** Besorg die Fakten.
- **Zeig mir den Weg:** Entwickle auf der Grundlage der erarbeiteten Fakten alternative Vorgehensweisen.
- **Leg los, wenn ich den Startschuss gebe:** Bereite dich so vor, dass du eine oder mehrere der Maßnahmen durchführen kannst. Beginne erst, wenn ich das Signal gebe.
- **Leg los, bis ich Stopp sage:** Sag mir, was du wann tun willst; unternimm die vorgeschlagenen Schritte, bis ich etwas anderes sage.

✔ **Wie lief es?** Analysiere die Situation, entwickle einen Maßnahmenplan, unternimm die notwendigen Maßnahmen und informiere mich über die Ergebnisse.

✔ **Leg einfach los!** Hier ist die Situation; sieh zu, wie du mit ihr fertig wirst. Ich will nichts mehr davon hören.

Jede Stufe enthält ein gewisses Maß an Autorität. Wenn ich Sie bitte, die Hintergrundinformationen zu einer bestimmten Situation zusammenzutragen, entscheiden Sie, welche Informationsquellen Sie nutzen, welche Informationen Sie an mich weitergeben und welche Sie weglassen. Der Hauptunterschied zwischen diesen Delegationsstufen besteht in dem unterschiedlichen Kontrollniveau, bevor die eigentlichen Maßnahmen eingeleitet werden.

Mit Zuversicht delegieren

Delegieren heißt immer, ein gewisses Risiko einzugehen – Sie müssen mit den Konsequenzen leben, die die Entscheidung eines anderen mit sich bringt. Damit Sie ein besseres Gefühl dabei haben und um die Entscheidungsfähigkeit der betreffenden Person zu verbessern, sollten Sie folgendermaßen vorgehen:

1. **Machen Sie klar, was Sie delegieren wollen.**

   Beschreiben Sie unmissverständlich, was genau der andere tun soll. Erklären Sie auch, was er *nicht* tun soll.

2. **Suchen Sie die richtige Person dafür aus.**

   Legen Sie fest, welche Fähigkeiten und Kenntnisse die Person haben muss, der Sie eine Aufgabe übertragen möchten, delegieren Sie nicht an jemanden, dem die dafür notwendigen Voraussetzungen fehlen.

3. **Delegieren Sie richtig.**

   Erklären Sie die Aufgabe genau, sagen Sie, wie viel Arbeit der Betreffende hineinstecken soll und bis wann die Aufgabe erledigt sein soll.

4. **Stehen Sie für Fragen zur Verfügung.**

   Wenn Sie mit den beteiligten Personen Kontakt halten, können Sie dafür sorgen, dass Schwierigkeiten und unerwartete Situationen zu Ihrer Zufriedenheit gelöst werden. Außerdem zeigen Sie, dass Ihnen ihre Arbeit wichtig ist.

5. **Überwachen Sie die Ausführung.**

   Setzen Sie regelmäßige, genau definierte Zwischenziele fest, anhand derer Sie die Leistung und die Einhaltung der Zeitvorgaben überwachen können.

Verantwortung übertragen

Die Entscheidung, etwas zu delegieren, ist eine einseitige; sie erfordert nicht die Zustimmung beider Partner. Sie können jemandem die Autorität übertragen, eine Entscheidung zu fällen, ob derjenige will oder nicht. Wenn Sie jemandem Autorität übertragen, kann er diese an jemand anders weitergeben (wenn Sie nichts Gegenteiliges verfügt haben).

Verantwortung ist jedoch eine zweiseitige Vereinbarung; Sie können mich bitten, eine Kundenanfrage zu beantworten, und ich kann zusagen, dass ich das übernehme. Da Sie und ich abgemacht haben, dass ich die Anfrage beantworte, kann ich diese Verantwortung nicht an jemand anderen übertragen, ohne darauf zu achten, dass er diese Aufgabe auch wirklich erfüllt. Ich habe versprochen, dass sich jemand um die Anfrage kümmert; die einzige Möglichkeit, mich von diesem Versprechen freizumachen, besteht darin, Sie zu bitten, unsere ursprüngliche Vereinbarung zu ändern.

Teil III

Kontrolle im Projekt

IN DIESEM TEIL ...

Erkläre ich Ihnen, wie Sie den Fortschritt Ihres Projekts überwachen können.

Erfahren Sie, wie Sie Zeitpläne, die Arbeitsstunden aller Beteiligten und natürlich sämtliche Kosten im Auge behalten.

Verrate ich Ihnen, wie Sie auf Probleme reagieren und korrigierend eingreifen, um das Projekt wieder auf den richtigen Kurs zu bringen.

IN DIESEM KAPITEL

Das Schiff auf Kurs halten: Den Projektplan immer wieder mit der tatsächlichen Leistung abgleichen

Systeme einrichten, um die Zeitpläne, Arbeitsstunden und Ausgaben zu überwachen

Kapitel 6

Überwachung und Kontrolle

Projekte werden häufig mit hochfliegenden Erwartungen und Hoffnungen gestartet und enden dann oft in Frustration und Enttäuschung. Ihr Projektplan spiegelt Ihre Vorstellung davon wider, was Ihrer Meinung nach funktionieren kann; leider realisieren sich solche Pläne aber nicht von selbst und zukünftige Entwicklungen lassen sich nicht mit Sicherheit vorhersehen.

Erfolgreiche Projekte erfordern fortwährende Pflege und Überwachung, damit Pläne korrekt ausgeführt werden und dann auch zu den erwarteten Ergebnissen führen. Wenn etwas Unerwartetes geschieht, müssen Sie umgehend reagieren, um Ihr Projekt auf dem richtigen Kurs zu halten, und Ihre Anstrengungen in anderer Richtung verstärken.

Das Projekt kontrollieren

Unter *Projektkontrolle* versteht man Maßnahmen, die Sie einleiten, um sicherzustellen, dass Ihr Projekt planmäßig verläuft und die gewünschten Ergebnisse erzielt werden. Während der Laufzeit eines Projekts müssen Sie folgende Tätigkeiten durchführen:

- ✔ **Überprüfen Sie den Projektplan regelmäßig.** Am Anfang jeder Leistungsperiode (das Zeitintervall, in dem Sie Ihre Projektarbeit überprüfen und bewerten) stimmen Sie mit allen Teammitgliedern noch einmal deren Projektverantwortlichkeiten und Arbeitseinsatz für die kommende Periode ab:
  - Aufgaben, zu denen sie sich verpflichtet haben
  - Termine, zu denen diese Aktivitäten beginnen und enden
  - vereinbarter Arbeitsaufwand für diese Aktivitäten
- ✔ **Bewerten Sie Ihre Leistung.** Sammeln Sie während der gesamten Periode Informationen darüber, was produziert wurde; wann Aufgaben begonnen und beendet wurden; wann Meilensteine erreicht wurden und wie viele Arbeitsstunden, finanzielle und andere Ressourcen dafür eingesetzt wurden. Vergleichen Sie die Leistung Ihres Teams mit Ihren Plänen und finden Sie, falls notwendig, heraus, warum es zu Diskrepanzen kam.
- ✔ **Leiten Sie korrigierende Maßnahmen ein.** Falls notwendig, unternehmen Sie die erforderlichen Schritte, um die Leistungsfähigkeit Ihres Projekts wieder mit den Plänen in Einklang zu bringen, oder, falls das nicht möglich ist, ändern Sie die bestehenden Pläne, indem Sie diese neuen Vorgaben einarbeiten.

- **Halten Sie die Beteiligten auf dem Laufenden.** Informieren Sie ausgewählte Beteiligte über Ihre Erfolge, Probleme und die weitere Planung.

Legen Sie im Verhältnis zur Gesamtlaufzeit des Projekts ein sinnvolles Zeitintervall fest, um das Risiko zu minimieren, dass unvorhergesehene Dinge passieren, und zu überprüfen, wie nah Sie bereits am nächsten großen Meilenstein sind. Sicher gibt es Vorgänge, die Sie am liebsten täglich überwachen möchten. Auf jeden Fall sollten die Intervalle, in denen Sie eine Gesamtanalyse Ihres Projekts durchführen, nicht größer als ein Monat sein.

Wenn jemand bestätigt, seine zugesagten Leistungen in der erwarteten Form zu erbringen, steigen die Chancen, dass Sie die gewünschten Ergebnisse innerhalb der zeitlichen und ressourcenmäßigen Vorgaben erhalten. Wenn nicht (zum Beispiel weil die Person unerwartet zur gleichen Zeit einer anderen wichtigen Aufgabe zugeordnet wurde), können Sie mit dieser Person besprechen, in welchem Umfang sie Ihr Projekt unterstützen wird, und den Plan entsprechend ändern.

Am Anfang ist es Ihnen vielleicht unangenehm, sich ständig bei den Teammitgliedern zu versichern, dass sie ihre zugesagten Leistungen für die kommende Periode auch wirklich erbringen, weil Sie der Meinung sind, dass Sie dadurch

- **unterstellen, dass Sie der Person nicht vertrauen.** Schließlich hat sich die betreffende Person ja schon dazu verpflichtet, die jeweiligen Aufgaben zu erfüllen; würde sie es Ihnen nicht sagen, falls sie nicht in der Lage wäre, diese Aufgabe planmäßig zu erfüllen?

- ✔ **die Wahrscheinlichkeit erhöhen, dass die betreffende Person Ihnen mitteilt, die übernommenen Aufgaben nicht planmäßig durchführen zu können.** Wenn Sie dieses Thema von sich aus ansprechen, erhöhen Sie dadurch eventuell die Wahrscheinlichkeit, dass der Betreffende Ihnen sagt, dass er seinen Verpflichtungen nicht nachkommen kann.

Aber keine Sorge: Es ist kein Zeichen von Misstrauen, wenn Sie das Thema »Kontrolle« von sich aus ansprechen. Wenn Sie den Teammitgliedern nicht vertrauen würden, würden Sie überhaupt nicht mit ihnen reden! Nein, es zeigt vielmehr, dass Sie Verständnis dafür haben, dass Umstände eingetreten sein können, die die betreffende Person davon abgehalten haben, Ihnen mitzuteilen, dass sie ihren Verpflichtungen nicht nachkommen kann.

Zudem führt die Tatsache, dass Sie das Thema von sich aus ansprechen, keinesfalls dazu, dass sich jemand aus seiner Verantwortung zurückzieht. Falls der Betreffende seine Aufgaben nicht im zugesicherten Umfang erfüllt, würden Sie das erst am Ende der Leistungsperiode feststellen, wenn die zugesagten Arbeiten nicht erledigt wurden. Aber so haben Sie eine ganze Leistungsperiode gewonnen, um nach Lösungen dafür zu suchen, wie Sie mit der neuen Situation umgehen können.

Die Zeitpläne überwachen

Die regelmäßige Überprüfung der Zeitpläne kann frühzeitig Hinweise auf mögliche Probleme bei der Koordination der Aktivitäten geben, Ressourcenkonflikte aufdecken und Kostenüberziehungen feststellen, die in der Zukunft auftauchen könnten. Im folgenden Abschnitt erfahren Sie, welche Informationen Sie brauchen, um den Zeitplan zu überwachen, und wie Sie diese sammeln, auswerten und ihre Genauigkeit überprüfen.

Festlegen, welche Daten gesammelt werden sollen

Sie können den Status einer Aktivität beschreiben, indem Sie sie als begonnen, in Arbeit oder beendet kennzeichnen oder indem Sie darstellen, wie groß der Teil der Aktivität ist, der bereits erledigt wurde.

Passen Sie auf, wenn Sie den Fortschritt eines Projekts in Prozent der erreichten Ergebnisse angeben. Meistens stellt diese Zahl nur eine Schätzung dar, weil man nicht genau feststellen kann, wie viel Prozent einer bestimmten Aufgabe bereits erledigt sind. Zu sagen, ein neues Produktdesign sei zu 30 Prozent fertiggestellt, ist eigentlich völlig nutzlos; man kann überhaupt nicht bestimmen, wie viele der Denkprozesse und kreativen Leistungen *tatsächlich* bereits erbracht wurden.

Davon auszugehen, man hätte 30 Prozent des Designs fertig, nur weil man 30 der 100 angesetzten Stunden investiert hat oder weil drei der zehn vorgesehenen Tage vorüber sind, ist ebenso falsch. Der erste Indikator gibt den *Ressourcenverbrauch* an und der zweite, wie viel Zeit vergangen ist. Keine von beiden Angaben spiegelt wider, wie viel Arbeit wirklich erledigt wurde.

Wenn man allerdings an einer Aufgabe arbeitet, die klar in einzelne Teile untergliedert ist, die alle ungefähr gleich viel Zeit in Anspruch nehmen, kann man eine einigermaßen verlässliche Prozentzahl ermitteln. Wenn Sie beispielsweise eine telefonische Befragung mit 20 Kandidaten geplant haben und 10 Anrufe bereits erledigt sind, dann können Sie davon ausgehen, dass 50 Prozent der Aufgabe erledigt sind.

Wie gut liegen Sie im Zeitplan?

Dazu müssen Sie Anfangs- und Endzeitpunkte der einzelnen Vorgänge ermitteln oder das Erreichen bestimmter Ereignisse mit den geplanten Terminen vergleichen. Die Abbildungen 6.1 und 6.2 zeigen unterschiedliche Möglichkeiten, wie man diese Daten übersichtlich darstellen kann.

Vorgang	Verantwort-liche(r)	Starttermin		Endtermin		Bemerkungen
		geplant	tatsächlich	geplant	tatsächlich	
2.1.1 Fragebogen entwerfen	F. Schmidt	14. Februar	15. Februar	28. Februar	28. Februar	
2.2.2 Fragebogenentwurf genehmigt	F. Schmidt	–	–	28. Februar	28. Februar	
2.2.1 Pilotbefragung	F. Schmidt	20. April	21. April	30. April	25. April	Kritischer Pfad

Abbildung 6.1: Ein Schlüsselereignis-Bericht (Key-Event-Report)

In Abbildung 6.1 ist ein Schlüsselereignis-Bericht (*Key-Event-Report*) dargestellt. Folgende Informationen in diesem Bericht stammen aus Ihrem Projektplan:

- ✔ die Schlüsselereignis-Codenummer (*Key-Event-Codenummer*) und eine Beschreibung
- ✔ wer dafür verantwortlich ist, dass das Ereignis erreicht wird
- ✔ der Zeitpunkt, wann das Ereignis erreicht sein soll

Diese Daten geben Aufschluss über das Leistungsniveau Ihres Projekts während der Berichtsperiode:

- ✔ der Zeitpunkt, wann das Ereignis tatsächlich erreicht wurde
- ✔ wichtige Bemerkungen zu dem Ereignis

Abbildung 6.2 zeigt ein *Fortschritts-Gantt-Diagramm*. Um den Fortschritt eines bestimmten Vorgangs zu visualisieren, zeichnet man ihn schwarz. In unserem Beispiel wird der Projektstatus zum 30. Juni dargestellt. Das Diagramm zeigt, dass die Entwurfsphase beendet ist, die Herstellungsphase einen Monat im Verzug ist und die Phase der Testdurchführung einen Monat vor dem geplanten Zeitraum durchgeführt wurde.

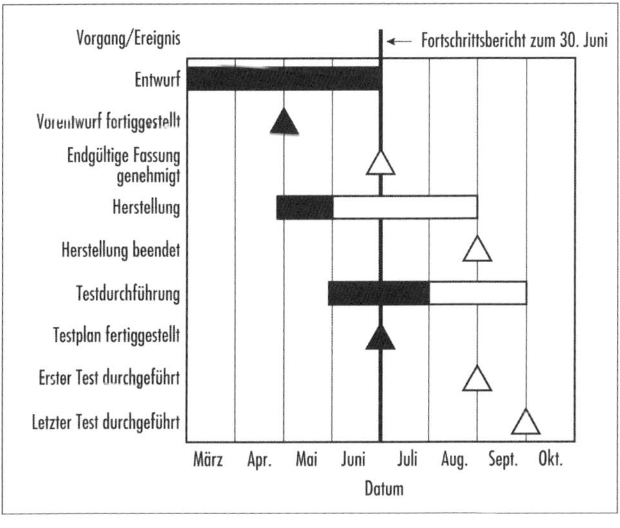

Abbildung 6.2: Ein Fortschritts-Gantt-Diagramm

Die aussagekräftigste Methode, den Fortschritt eines Projekts zu bewerten, besteht darin, sich die Ereignisse zu den jeweiligen Vorgängen anzusehen, die bis zum Stichtag erreicht wurden. Das Fortschritts-Gantt-Diagramm in Abbildung 6.2 sagt aus, dass Sie bis zum 30. Juni alle Zwischenereignisse erreicht haben, die mit Vorgang 2 verbunden sind, der bis 31. Mai abgeschlossen sein sollte.

Nicht jeder interpretiert ein Gantt-Diagramm gleich. Mein Diagramm soll zeigen, dass Vorgang 2 einen Monat im Rückstand liegt. Um Missverständnisse zu vermeiden, erklären Sie Ihren Teammitgliedern, wie sie die Informationen, die Sie grafisch darstellen, interpretieren sollen.

Daten für Fortschrittsberichte sammeln

Um die erledigten Tätigkeiten zu erfassen, sollten Sie feste Formate und Vorgehensweisen entwickeln. Sie verbessern dadurch die Qualität der Informationen und brauchen weniger Zeit für die Datensammlung. Ich benutze meistens den kombinierten *Activity-Key-Event-Report* (Vorgangsschlüsselereignis-Bericht).

Bei der Auswahl der Berichtsperiode bedenken Sie Folgendes:

- ✔ **Liegt dieser Vorgang auf einem kritischen Pfad?** Vorgänge auf einem kritischen Pfad verzögern den gesamten Zeitplan, wenn sie verspätet durchgeführt werden. Deshalb sollten Sie Vorgänge auf kritischen Pfaden möglicherweise häufiger überwachen, um eventuelle Probleme so schnell wie möglich zu erkennen und deren Auswirkungen auf den Zeitplan zu minimieren.

- ✔ **Ist ein Vorgang besonders risikoträchtig?** Wenn Sie das Gefühl haben, dass es bei einem bestimmten Vorgang wahrscheinlich zu Problemen kommt, sollten Sie ihn eventuell in kürzeren Abständen überwachen, um diese Probleme möglichst gleich zu erkennen.

- **Kam es bei diesem Vorgang bereits zu Problemen?** Vorgänge, die in der Vergangenheit bereits zu Problemen geführt haben, sollten Sie eventuell ebenfalls häufiger überwachen. Wenn alle anderen Faktoren ähnlich gelagert sind, sollten Sie damit rechnen, dass es hier möglicherweise wieder zu Problemen kommt.

Zu Beginn einer Leistungsperiode drucke ich für jedes Teammitglied einen Bericht aus, der die Aktivitäten und Ereignisse für diese Periode enthält. Ich bitte die Teammitglieder, die tatsächlichen Anfangs- und Endtermine für Aktivitäten und die Eintrittstermine der Schlüsselereignisse zusammen mit relevanten Bemerkungen in den entsprechenden Spalten zu vermerken und dann die ausgefüllten Berichte am ersten Werktag nach Ende der jeweiligen Periode an mich zu schicken.

Diese Art der Fortschrittskontrolle hat mehrere Vorteile:

- Eine zeitgenaue Erfassung der Endzeitpunkte erhöht die Genauigkeit der Daten.
- Der vereinbarte Zeitraum, in dem die Daten zur Verfügung gestellt werden sollen, sorgt dafür, dass Sie niemanden mit unerwarteten Forderungen nach Daten überraschen müssen.
- Wenn die Teammitglieder ständig ihre Zeitpläne überprüfen, sehen Sie, wie gut sie ihre Verpflichtungen einhalten. Das führt zu einer höheren Wahrscheinlichkeit, dass sie ihre Zusagen einhalten.
- Der Zweck der Kontrolle ist, die Teammitglieder dazu zu motivieren, planmäßig ihre Leistungen zu erbringen, und nicht, Daten darüber zu sammeln, wie gut die Einzelnen arbeiten. Je besser diejenigen, die die Arbeit erledigen

sollen, wissen, wo sie stehen und wie sie im Plan vorankommen, desto höher die Wahrscheinlichkeit, dass sie diesen Zeitplan auch einhalten können. Wenn sie nicht wissen oder es ihnen egal ist, wann der Abgabetermin ist, werden sie ihn auch kaum einhalten.

Den kombinierten Vorgangsschlüsselereignis-Bericht (Activity-Key-Event-Report) benutze ich auch dazu, mich noch einmal des Engagements der Teammitglieder am Anfang einer Berichtsperiode zu versichern. Wenn ich ihnen den Bericht übergebe, in dem ihre Vorgänge und Ereignisse für die kommende Periode aufgelistet sind, bitte ich sie, die Informationen zu überprüfen und mir zu sagen, ob sie zu ihren Zusagen stehen. Bei auftauchenden Problemen reden wir darüber und lösen sie.

Leistungsperioden kurz halten

Die Leistungsperioden sollten nie länger als ein Monat sein. Die Erfahrung zeigt, dass längere Zeiträume zu folgenden Problemen führen:

- ✔ Die Teammitglieder verlieren den Vorgang aus den Augen und sind weniger motiviert, was dazu führen kann, dass der Vorgang nicht in der geplanten Zeit durchgeführt wird.
- ✔ Kleine Probleme können sich schnell in große verwandeln, wenn sie nicht rechtzeitig erkannt werden.

Die Arbeitsstunden überwachen

Wenn Sie den tatsächlichen Arbeitsaufwand mit dem geplanten Arbeitsaufwand vergleichen, können Sie folgende Sachverhalte herausfinden: Teammitglieder erledigen möglicherweise Aufgaben, die über den eigentlichen Umfang hinausgehen, oder wenden zu wenig Zeit auf; die Teammitglieder sind für die Aufgabe besser oder weniger qualifiziert als Sie angenommen haben; bei der Umsetzung der Aufgabe ist es zu unerwarteten Schwierigkeiten gekommen; der geplante Arbeitsaufwand ist investiert, bevor das Projekt beendet ist.

Um die Anzahl der geleisteten Arbeitsstunden zu überwachen, müssen Sie die Stunden zusammenzählen, die tatsächlich für jedes einzelne in der Projektstruktur aufgeführte Arbeitspaket aufgewendet wurden.

Die Analyse der geleisteten Arbeitsstunden

Den Arbeitsaufwand für Ihr Projekt beurteilen Sie, indem Sie die tatsächlich geleisteten Stunden mit der geplanten Anzahl der Stunden vergleichen. In Abbildung 6.3 sehen Sie einen typischen Personaleinsatzplan, der beschreibt, wie viel Arbeitseinsatz jedes Teammitglied für die einzelnen Arbeitspakete erbracht hat. Folgende Informationen entnehmen Sie Ihrem Projektplan:

- ✔ Vorgangsbezeichnung und -beschreibung
- ✔ die Gesamtstundenzahl, die jedes Teammitglied für die einzelnen Tätigkeiten aufwenden muss
- ✔ die Anzahl der Arbeitsstunden, die jedes Teammitglied pro Woche für die einzelnen Tätigkeiten aufwenden soll

Folgende Daten entnehmen Sie den Informationen, die im Berichtszeitraum gesammelt werden:

- die tatsächliche Stundenzahl, die jedes Teammitglied für die einzelnen Tätigkeiten aufgewendet hat
- die Anzahl der Gesamtstunden, die jedes einzelne Teammitglied für die einzelnen Tätigkeiten noch zu leisten hat
- die Differenz zwischen geplanter Stundenzahl und tatsächlich geleisteter Stundenzahl pro Tätigkeit

PS-Code	Beschreibung	Mitarbeiter		Geleistete Arbeitsstunden (Personenstunden)					
				Budget	Woche 1	Woche 2	Woche 3	Woche 4	...
3.1.2	Fragebogen entwerfen	H. Johann	Geplant	130	20	40	20	30	...
			Tatsächlich	0	10	30	5	25	...
			Rest	130	120	90	85	25	...
			Differenz	0	+10	+20	+35	+40	...
		F. Schmidt	Geplant	70	0	20	20	15	...
			Tatsächlich	0	0	25	10	15	...
			Rest	70	70	45	35	20	...
			Differenz	0	0	-5	+5	+5	...

Abbildung 6.3: Ein Personaleinsatzplan

Erwarten Sie bitte nicht, dass der tatsächliche Aufwand immer mit dem geplanten übereinstimmt. (Wenn sich die geplante Stundenzahl jeden Monat mit der Anzahl der tatsächlich geleisteten Stunden deckt, dann sollten Sie vielleicht sogar prüfen, ob die Teammitglieder nicht vielleicht einfach die Stunden aus dem Plan in ihre Arbeitsblätter übertragen!) Monatliche Abweichungen von zehn Prozent nach oben oder unten sind normal.

Sehen Sie sich einmal die Stunden der beiden Teammitglieder an, die in dem Personaleinsatzplan in Abbildung 6.3 dargestellt sind. Herr Schmidt scheint ungefähr so viel zu arbeiten, wie im Plan vorgesehen. In Woche 2 hat er mehr Stunden eingetragen als geplant, in Woche 3 weniger und in Woche 4 genauso viele wie geplant. Bei Herrn Johann sieht die Situation ganz anders aus. Jede Woche investiert er weniger Zeit in das Projekt als geplant und die Differenz wird immer größer. Es ist nicht erkennbar, ob dieser Rückstand auf ein Problem schließen lässt, aber diese fortwährende Diskrepanz sollte zumindest näher untersucht werden.

Daten für die Arbeitsaufwandsbewertung sammeln

Die besten Daten erhält man, wenn alle Teammitglieder ihre Einsatzpläne richtig ausfüllen. Abbildung 6.4 zeigt einen typischen Einsatzplan.

Ein Mitarbeitereinsatzplan enthält folgende Angaben:

- ✔ die Anzahl der Stunden, die das Teammitglied im Laufe eines Tages für die einzelnen Tätigkeiten investiert hat
- ✔ die Unterschrift des Teammitglieds, die besagt, dass die Informationen stimmen
- ✔ eine Unterschrift (üblicherweise vom Projektmanager oder von jemandem, den er damit beauftragt hat), die besagt, dass die eingetragenen Zeiten genehmigt und angemessen sind

Mitarbeiter: Name		Unterschrift	Von ____ bis ____				Genehmigt: Name		Unterschrift	
Vorgang			So.	Mo.	Di.	Mi.	Do.	Fr.	Sa.	Gesamt
Projekt-Nr.	PS-Code	Beschreibung	3.4.	4.4.	5.4.	6.4.	7.4.	8.4.	9.4.	
Stunden insgesamt										

Abbildung 6.4: Ein typischer Mitarbeitereinsatzplan für eine Woche

Die Genauigkeit der Daten für die Beurteilung des Arbeitsaufwands verbessern

Genau wie bei den Daten zur Erfassung des Zeitaufwands ist auch die Genauigkeit der Daten zur Erfassung des Arbeitsaufwands für die Genauigkeit der Analyse sehr wichtig. Folgendes sollten Sie tun, um die Genauigkeit der Daten, die Sie für Ihre Personaleinsatzbewertung sammeln, zu verbessern:

- ✔ **Erklären Sie Ihren Teammitgliedern, dass sie den Arbeitsaufwand erfassen, um herauszufinden, ob Sie bestimmte Bestandteile des Plans ändern müssen.** Wenn Sie die Teammitglieder bitten, die Stunden, die sie in bestimmte Aufgaben investieren, zu erfassen, haben viele Angst vor möglicher Kritik. Man fürchtet, Sie könnten kritisieren, dass jemand seine geplante Stundenzahl nicht leistet oder zu wenig Stunden für das Projekt arbeitet oder zu viel Zeit mit anderen organisatorischen Aufgaben verbringt. Wenn Ihre Teammitglieder der Meinung sind, dass dies Ihre Motive sind, werden sie ihre Arbeitsstunden so auf die einzelnen Tätigkeiten verteilen, wie sie glauben, dass Sie es sich wünschen, und nicht so, wie sie tatsächlich aufgewendet werden.

✔ **Ermutigen Sie Ihre Teammitglieder, ihre tatsächlich geleisteten Stunden zu erfassen.** Sie sollen nicht ihre gesamten 40 Wochenstunden verteilen. Wenn die Mitarbeiter ihre vollen 40 Wochenstunden verteilen sollen, müssen sie Überstunden machen, Stunden nicht eintragen oder weniger Stunden arbeiten, damit am Ende der Woche 40 Stunden herauskommen. Sie möchten aber, dass die Daten genau sind.

✔ **Lassen Sie auch Kategorien wie »Sonstiges« oder »Organisatorisches« zu, in die Zeiten eingetragen werden können, die keiner spezifischen Projektaktivität zugeordnet werden können.** Wenn Sie möchten, dass die Zeiten ehrlich eingetragen werden, müssen Sie auch die richtigen Rubriken zur Verfügung stellen.

✔ **Fordern Sie die Teammitglieder auf, ihre Einsatzpläne selbst auszufüllen.** Einige bitten jemand anders, beispielsweise eine Sekretärin, die Formulare auszufüllen. Es ist schon schwer genug, für sich selbst am Ende eines Tages oder einer Woche noch zu wissen, was man getan hat. Für einen Außenstehenden ist es fast unmöglich, sich genau daran zu erinnern.

- ✔ **Sammeln Sie die Pläne möglichst wöchentlich ein, mindestens aber alle zwei Wochen.** Egal wie oft Sie die Teammitglieder bitten, ihre Zeiterfassungsbogen auszufüllen, viele werden damit warten, bis er abgegeben werden muss. Wenn Sie diese Formulare nur einmal pro Monat einsammeln, werden genau diese Leute überlegen, was sie vor vier Wochen gemacht haben.
- ✔ **Sammeln Sie die Formulare für eine Bewertungsperiode erst ein, wenn die Periode vorbei ist.** Manchmal sammeln Projektmanager die Erfassungsbogen für die Woche bereits am Donnerstag ein. Einerseits nimmt dadurch die Genauigkeit der Daten automatisch ab, weil man kaum mit Sicherheit sagen kann, was man am nächsten Tag tun wird. Dieses Vorgehen suggeriert den Teammitgliedern außerdem, dass man es mit der Genauigkeit der restlichen Daten auch nicht so genau nehmen muss, wenn der Freitag sowieso geschätzt wird.

Die Ausgaben überwachen

Die Kosten Ihres Projekts müssen Sie überwachen, um festzustellen, ob sie mit dem Projektplan übereinstimmen, und um herauszufinden, wie Sie gegebenenfalls vorhandene Abweichungen beseitigen können.

Angaben über die Kosten können Sie meistens den Bedarfsmeldungen, Aufträgen, Rechnungen und getätigten Überweisungen entnehmen. In den meisten Fällen werden Ihnen die Bedarfsmeldungen vorgelegt, weil Sie sie genehmigen müssen. Lieferantenrechnungen werden meistens direkt an die Buchhaltung geschickt, die diese dann bezahlt. Veranlassen Sie, dass man

Ihnen Kopien der Rechnungen schickt, sodass Sie die Beträge prüfen können. Außerdem können Sie über alle Ausgaben, die für Ihr Projekt getätigt werden, einen Bericht bekommen, wenn diese Ausgaben projektweise erfasst werden.

Die Kosten-Nutzen-Analyse

Sie bewerten die Kosten für Ihr Projekt, indem Sie die tatsächlichen Kosten mit den geplanten vergleichen. In Abbildung 6.5 sehen Sie eine typische Kostenübersicht, der die Ausgaben für jedes Arbeitspaket und die Summen für die Vorgänge auf einer höheren Stufe für die aktuelle Berichtsperiode und die gesamte Projektperiode bis zum jetzigen Zeitpunkt zu entnehmen sind. Folgende Informationen für diese Übersicht stammen aus Ihrem Projektplan:

- ✔ Tätigkeitsbezeichnung und -beschreibung
- ✔ das Gesamtbudget für jede einzelne Aktivität für die jeweilige Berichtsperiode
- ✔ die kumulierten Budgets für jede Aktivität bis zum aktuellen Tag
- ✔ das Gesamtbudget für jede Aktivität

Die tatsächlichen Zahlen für den Berichtszeitraum entnehmen Sie den Daten, die Sie während dieser Zeit erhalten. Mit »tatsächlich« können in dieser Übersicht entweder der Betrag der Bedarfsmeldung, die Auftragssumme, die Vertragssumme, die offene Rechnung und/oder die tatsächlich geleisteten Ausgaben gemeint sein.

PS-Code	Vorgang	Berichtsperiode		bis heute		Gesamt-budget
		geplant	tatsächlich	geplant	tatsächlich	
	Gesamt	8.500 €	8.200 €	15.500 €	15.100 €	200.000 €
1.0	Anforderungskatalog fertigstellen	5.000 €	4.400 €	12.300 €	11. 400 €	45.000 €
1.1	Testgruppen befragen	3.000 €	2.900 €	7.500 €	7.100 €	10.000 €
1.2	Unterlagen überprüfen	1.500 €	1.200 €	4.000 €	3.800 €	5.000 €
1.3	Bericht vorbereiten	500 €	300 €	800 €	500 €	4.000 €
	⋮					

Abbildung 6.5: Eine Kostenübersicht.

Werkzeuge zur Kostenüberwachung

Prüfen Sie zunächst, welche Systeme zur Kostenüberwachung in Ihrem Unternehmen bereits zur Verfügung stehen, bevor Sie Ihr eigenes entwickeln. In den meisten Unternehmen existieren Kostenerfassungssysteme, in denen sämtliche Ausgaben erfasst werden. Wenn Sie zur Überwachung Ihrer Projektkosten ein eigenes System entwickeln müssen, kann ich folgende Programme empfehlen:

- ✔ ein integriertes Projektmanagementprogramm, zum Beispiel Microsoft Project
- ✔ eine Buchhaltungssoftware wie QuickBooks
- ✔ ein Datenbankpaket wie beispielsweise Microsoft Access
- ✔ ein Tabellenkalkulationsprogramm wie zum Beispiel Microsoft Excel

IN DIESEM KAPITEL

Korrekturen formulieren und durchführen

Change Management

Kapitel 7
Kontrollmechanismen starten

In Kapitel 6 haben Sie erfahren, wie Sie die Systeme einrichten, die Ihnen die für die Steuerung Ihres Projekts notwendigen Informationen liefern. Hier erfahren Sie, wie Sie diese Systeme Schritt für Schritt einsetzen, um die Projektleistung permanent zu überwachen und zu steuern.

Probleme beseitigen, bevor sie entstehen

Selbst gute Projektpläne geraten manchmal völlig außer Kontrolle. Manchmal geben Teammitglieder mehr Geld aus, als es das Budget erlaubt.

Richten Sie gleich zu Beginn Ihres Projekts Standardabläufe ein, die die Menschen davon abhalten, geplante Budgets ohne Genehmigung zu überziehen. Wenn die

Projektmitarbeiter beispielsweise ihre Stunden pro Projektaktivität erfassen:

- ✔ Bestätigen Sie ihnen die Anzahl der Stunden, die sie für die einzelnen Aktivitäten investieren dürfen.
- ✔ Richten Sie das Zeiterfassungssystem so ein, dass es keine Überziehungen der geplanten Stunden ohne Ihre vorherige Zustimmung zulässt.
- ✔ Richten Sie das Zeiterfassungssystem so ein, dass es Projektstunden von nicht autorisierten Personen gar nicht annimmt.

Bei der Beschaffung von Material und Dienstleistungen:

- ✔ Bestätigen Sie, welche Anschaffungen notwendig sind, geben Sie für jeden Gegenstand die Preisobergrenze an und die Obergrenze der Gesamtkosten.
- ✔ Sorgen Sie dafür, dass die Einkaufsabteilung oder das Budgetkontrollsystem keine Überziehung dieser Höchstgrenzen ohne Ihre vorherige Zustimmung zulässt.

Die Kontrollprozesse formalisieren

Um Ihr Projekt in der Umsetzungsphase zu steuern, richten Sie Abläufe ein, um die benötigten Informationen zu sammeln und ordnungsgemäß zur Verfügung zu stellen, die geleisteten Arbeiten und die Arbeitsergebnisse zu bewerten, um korrigierende Maßnahmen einzuleiten, und die Beteiligten über den Projektstatus auf dem Laufenden zu halten. An diese Abläufe sollten Sie sich während der Projektlaufzeit halten.

1. Zu Beginn einer Berichtsperiode sollten Sie mit den Beteiligten besprechen, welche Verpflichtungen sie eingegangen sind und welche Erwartungen Sie haben.

2. Veranlassen Sie, dass alle Beteiligten in der kommenden Periode den Zeitplan überwachen, ihren Arbeitsaufwand erfassen und festhalten, welche Bedarfsmeldungen und Bestellungen sie ausfüllen.

3. In fest vereinbarten Abständen oder am Ende der Periode sollten alle Beteiligten folgende Daten entweder an alle hausinternen Systeme oder an die projektbezogenen Systeme weiterleiten: Leistungsstand des Projekts, entstandene Kosten sowie Angaben zum Arbeitsaufwand.

4. Am Ende der Periode geben Sie die Daten aller Beteiligten in eine entsprechende Projektmanagementsoftware ein, vergleichen die tatsächlich in der jeweiligen Periode geleisteten Arbeiten mit der geplanten Leistung, identifizieren mögliche Probleme, formulieren und unternehmen korrigierende Maßnahmen und halten alle auf dem Laufenden.

5. Zu Beginn der nächsten Berichtsperiode fängt dieser Kreislauf von vorn an.

Die Fortschrittsüberwachung deckt keine Probleme auf, lediglich Symptome. Wenn Sie ein Symptom erkennen, müssen Sie herausfinden, welches Problem dahintersteckt, wie es dazu kam und wie man es lösen kann.

Aber Sie können kein genaues Bild davon bekommen, wo Ihr Projekt gerade steht, wenn Sie nur ein oder zwei Aspekte überwachen. Sie müssen die Leistung in allen drei Dimensionen – erzielte Ergebnisse, Zeitrahmen für Aufgaben und verbrauchte Ressourcen – gleichzeitig überprüfen.

Angenommen, eines Ihrer Teammitglieder investiert während einer Berichtsperiode nur halb so viel Zeit in das Projekt wie ursprünglich geplant. Wenn er alle geplanten Ereignisse erreicht hat, haben Sie vielleicht kein Problem. Wenn einige

Ereignisse nicht erreicht wurden, vielleicht doch. Sie müssen sowohl die Kosten als auch den Zeitplan im Auge behalten.

Wenn er einige Ereignisse nicht erreicht hat oder die Qualität der Produkte unzulänglich war, könnten Sie ein Problem haben. Sie müssen sowohl die Produktqualität und den Zeitplan als auch Abweichungen zwischen dem geplanten und dem tatsächlichen Arbeitsaufwand abgleichen, um herauszufinden, ob Ihr Projekt vor einem Problem steht.

Ursachen für Verzögerungen und Abweichungen herausfinden

Nachdem sich bestätigt hat, dass es ein Problem gibt, müssen Sie zunächst verstehen, was zu dem Problem geführt hat. Folgende Situationen können zu Verzögerungen führen:

- ✔ Mitarbeiter investieren weniger Zeit in die Tätigkeit, als ursprünglich vereinbart.
- ✔ Der Vorgang erfordert mehr Aufwand, als angenommen.
- ✔ Mitarbeiter dehnen eigenmächtig den Arbeitsumfang aus.
- ✔ Die Aufgabe erfordert mehr Einzeltätigkeiten, als Sie ursprünglich angenommen hatten.
- ✔ Die Person, die die Tätigkeit ausführen soll, hat weniger Erfahrung mit solchen Tätigkeiten, als Sie dachten.

Folgende Situationen führen dazu, dass Mitarbeiter mehr oder weniger Arbeitsstunden erfassen als geplant:

- ✔ Derjenige, der die Tätigkeit ausführt, ist produktiver oder weniger produktiv, als Sie angenommen hatten.
- ✔ Sie haben sich vor Beginn der Tätigkeit nicht genügend Zeit gelassen, um sich damit vertraut zu machen.

- Derjenige, der die Tätigkeit ausführt, arbeitet effizienter oder weniger effizient, als Sie angenommen hatten.
- Die Aufgabe erfordert mehr oder weniger Aufwand, als Sie dachten.

Verschiedene Gründe können dazu führen, dass Sie mehr Geld für Ihr Projekt ausgeben, als ursprünglich geplant:

- Die Rechnungen für Waren oder Dienstleistungen gingen später ein als geplant, sodass Sie sie später bezahlen.
- Sie mussten einige Artikel im Voraus bezahlen, um einen Rabatt zu bekommen.
- Sie haben Dinge geplant, die sie gar nicht benötigen.
- Sie benötigten Dinge oder Leistungen, die Sie nicht in den Plan aufgenommen hatten.

Mögliche korrigierende Maßnahmen

Wenn der Projektverlauf sich nicht mit Ihrem Plan deckt, versuchen Sie, das Projekt wieder auf Kurs zu bringen, und prüfen dann, ob Sie den bestehenden Plan formell ändern und einen neuen Plan erstellen sollten.

Sie können Folgendes tun:

- **Wenn die Abweichung auf einer einmalig auftretenden Schwierigkeit basiert, versuchen Sie Schritte einzuleiten, die Ihr Projekt wieder auf Kurs bringen.**

  Angenommen, Sie haben für die Beschaffung einer Anlage 40 Arbeitsstunden geplant. Sie waren davon ausgegangen, dass Sie vier Geschäfte aufsuchen müssen, bevor Sie genau das Richtige finden würden, aber Sie fanden gleich in dem ersten Geschäft genau das, was Sie gesucht hatten. Ändern Sie Ihren Plan nicht sofort, da Sie wahrscheinlich für andere Aktivitäten mehr Zeit als geplant benötigen werden, und auf lange Sicht wird sich das sicher ausgleichen.

- **Wenn die Abweichung darauf schließen lässt, dass es in der Zukunft zu weiteren Abweichungen kommen wird, sollten Sie den Plan entsprechend ändern.**

  Angenommen, ein Mitarbeiter braucht doppelt so viel Zeit für eine Aufgabe wie angenommen, weil er weniger Erfahrungen hat, als Sie bei der Planung angenommen hatten. Wenn diese fehlende Erfahrung auch bei zukünftigen Aufgaben dazu führt, dass er weniger produktiv ist, ändern Sie den Plan und erhöhen Sie die geplanten Arbeitsstunden für diese Aufgabe.

Die Grundlinie

Eine *Grundlinie* ist die aktuelle Version Ihres Projektplans, an die Sie sich bei der Durchführung Ihres Projekts halten und mit der Sie die tatsächlich erreichten Ergebnisse vergleichen.

Als *Grundlinienverschiebung* bezeichne ich es, wenn ein ganz neuer Projektplan verabschiedet wird, der von jetzt an als Richtlinie für die Durchführung und zur Beurteilung des Fortschritts dient.

Wenn Sie der Meinung sind, dass Sie Ihren Plan überarbeiten müssen oder dass eine neue Grundlinie notwendig ist:

- Sprechen Sie mit den wichtigsten Projektbeteiligten. Erklären Sie, warum Änderungen notwendig sind, und bitten Sie sie um Genehmigung der Änderungen.

- ✔ Informieren Sie alle Beteiligten von den Änderungen.
- ✔ Bewahren Sie eine Kopie des Plans und aller aktualisierten Versionen auf, damit Sie bei der Abschlussbewertung auf diese Informationen zurückgreifen können.

Verantwortungsvoll handeln, wenn Änderungen notwendig werden

Es wird immer etwas passieren, was Sie nicht vorhersehen konnten. Vielleicht erfordert eine Tätigkeit mehr Engagement als gedacht, Kundenwünsche und -anforderungen verändern sich oder es wird eine neue Methode entwickelt. Wenn solche Dinge passieren, müssen Sie Ihren Plan überarbeiten, um sich auf diese neuen Bedingungen einstellen zu können.

Bei großen Projekten gibt es formelle *Änderungskontrollsysteme*, die festlegen, wie reagiert werden soll, wenn sich die Notwendigkeit einer Änderung ergibt. Befolgen Sie immer folgende Schritte:

1. **Wenn Sie einen Antrag auf Änderung eines Teils Ihres Projektplans bekommen, klären Sie genau, was man von Ihnen erwartet.**
2. **Bitten Sie, dass man diesen Antrag schriftlich formuliert, oder fassen Sie schriftlich zusammen, was der Antragssteller Ihrer Meinung nach erwartet.**
3. **Ermitteln Sie, welche Auswirkungen diese Änderungen auf das gesamte Projekt haben.**
4. **Entscheiden Sie, ob Sie die Änderungen machen wollen.**

   Beziehen Sie alle beteiligten mit ein.

5. **Wenn Sie beschließen, nichts zu ändern, informieren Sie denjenigen, der um die Änderung gebeten hatte.**
6. **Wenn Sie die Änderungen vornehmen, schreiben Sie auf, was notwendig ist, um sie durchzuführen.**
7. **Aktualisieren Sie Ihren Plan.**
8. **Informieren Sie alle Teammitglieder und die wichtigsten Beteiligten über die Änderungen.**

Um dafür zu sorgen, dass die Veränderungen reibungslos durchgesetzt werden können, beachten Sie folgende Regeln:

- ✔ **Benutzen Sie das Thema Veränderungen nicht als Ausrede für schlechte Planung.** Seien Sie bei der Erstellung Ihres Projektplans so genau und detailliert wie möglich; das spart Ihnen in der Zukunft Zeit und Geld.
- ✔ **Vergessen Sie nicht, dass Veränderungen immer etwas kosten.** Ermitteln Sie die Kosten, damit Sie planen können, und halten Sie sie so niedrig wie möglich.
- ✔ **Schätzen Sie die Auswirkungen der Veränderungen auf das gesamte Projekt ab.** Eine frühe Änderung kann ein Projekt von Anfang bis Ende beeinflussen.

Teil IV

Die Beteiligten auf dem Laufenden halten: Kommunikation im Projekt

IN DIESEM TEIL …

Lernen Sie die wichtigsten Kommunikationsinstrumente im Projektmanagement kennen.

Erfahren Sie, wie Sie Medien in der schriftlichen Projektkommunikation einsetzen.

Stelle ich Ihnen vor, wie Sie effiziente Projektmeetings durchführen.

IN DIESEM KAPITEL

Neuigkeiten mitteilen: Schriftlich oder im Meeting?

Projektfortschrittsberichte verfassen

Kapitel 8

Medien für die Projektkommunikation – schriftliche Berichte

Effektive Kommunikation ist ein Schlüssel zu erfolgreichen Projekten – das bedeutet, die richtigen Informationen an die richtigen Personen zur rechten Zeit weitergeben. Eine informative Kommunikationspolitik hat folgende Vorteile:

- ✔ Aufrechterhaltung der Teammitglieder
- ✔ eine schnelle Problemerkennung und Entscheidung
- ✔ eine klare Projektausrichtung
- ✔ Anerkennung der Zwischenerfolge
- ✔ produktive Arbeitsbeziehungen der Teammitglieder

Wenn Sie Ihre Projektkommunikation planen, können Sie rechtzeitig die richtigen Medien auswählen, die Sie zur Weitergabe von Informationen benutzen möchten.

Das richtige Medium für Ihre Anforderungen

Wenn Sie überlegen, wie Sie mit Ihrem Team und den anderen Projektbeteiligten kommunizieren wollen, ist die Entscheidung für das richtige Medium genauso wichtig wie die Entscheidung, welche Informationen weitergegeben werden sollen. So erhalten alle Beteiligten zum richtigen Zeitpunkt die Informationen, die sie brauchen. Projektkommunikation kann so geschehen:

- **Formelle** Kommunikation ist geplant und erfolgt entsprechend dem festgesetzten Zeitplan nach einem bestimmten Verfahren. Beispiele sind die wöchentlichen Teammeetings und die monatlichen Fortschrittsberichte.
- **Informelle** Kommunikation erfolgt, wenn jemandem spontan einfällt, dass er einem anderen etwas mitteilen möchte. Sie erfolgt fortwährend im Verlauf der Projektumsetzung. Beispiele sind kurze Gespräche in der Kaffeeküche oder die E-Mails, die man täglich verschickt.

Man muss aber aufpassen, dass man sich nicht auf einen solchen informellen Gedankenaustausch verlässt und nur noch diesen Weg wählt, weil an diesen Gesprächen meistens nur eine kleine Anzahl der Personen teilnimmt, die aus den angesprochenen Themen einen Nutzen ziehen können.

Um das Risiko von Missverständnissen zu mindern, sollten Sie Folgendes tun:

- Geben Sie wichtige Informationen, die in informellen Gesprächen ausgetauscht wurden, schriftlich weiter.

- ✔ Vermeiden Sie informelle Gespräche, wenn nur ein Teil der Personen, die von den Themen betroffen sind, anwesend sind.

Die reinen Fakten: Schriftliche Berichte

In einem schriftlichen Bericht haben Sie die Möglichkeit, Daten und Fakten besser zu vermitteln und die Worte sorgfältig zu wählen, um Missverständnisse zu vermeiden. Außerdem haben Sie nicht nur einen Beleg über die Informationen, die Sie weitergegeben haben, sondern können diese Informationen einem größeren Publikum zugänglich machen.

Nachteile schriftlicher Berichte

So groß auch die Vorteile schriftlicher Berichte sind, gibt es doch einige grundlegende Nachteile:

- ✔ Sie erlauben es den Beteiligten nicht, Fragen zum Inhalt zu stellen.
- ✔ Bei einem schriftlichen Bericht bekommen Sie keine Hinweise auf nonverbale Signale, aus denen Sie schließen können, wie die Empfänger auf Ihren Bericht reagieren, und sie lassen keine interaktive Diskussion oder ein Brainstorming zu.
- ✔ Sie wissen nicht, ob der Empfänger den Bericht überhaupt gelesen hat!

Folgende Punkte sollten Sie bedenken, damit die Empfänger Ihren schriftlichen Bericht verstehen:

- ✔ **Erstellen Sie regelmäßig versandte Berichte in immer dem gleichen Format.** Dadurch ist es für den Empfänger leichter, bestimmte Informationen ausfindig zu machen.
- ✔ **Seien Sie zielorientiert.** Es ist besser, mehrere kurze Berichte zu besonderen Themen zu verfassen, als mehrere Themen in einem langen Bericht abzuhandeln.
- ✔ **Verwenden Sie so wenig Fachausdrücke und Fremdwörter wie möglich.** Wenn jemand mit den Fachausdrücken in Ihrem Bericht nicht vertraut ist, entgeht ihm zumindest ein Teil Ihrer Botschaft.
- ✔ **Nutzen Sie schriftliche Berichte, um Fakten zu veröffentlichen,** und geben Sie immer einen Ansprechpartner an, der kontaktiert werden kann, wenn zu bestimmten Themen weitere Informationen gewünscht werden. Schriftliche Berichte beschränken sich auf die harten Fakten und lassen wenig Raum für subjektive Interpretationen. Eine Kontaktperson kann Fragen, die der Empfänger haben könnte, beantworten und auch etwas dazu sagen, warum diese Information verbreitet wurde.
- ✔ **Beschreiben Sie klar und deutlich, welche Maßnahmen aufgrund der in dem Bericht enthaltenen Informationen getroffen werden sollen und wer sie treffen soll.** Je genauer Sie erklären, was Sie von dem Leser nun erwarten, desto eher wird er das auch tun.
- ✔ **Nachdem Sie den Bericht verschickt haben, besprechen Sie mit den Empfängern ein oder zwei wichtige Punkte, die in dem Bericht angesprochen werden.** Auf diese

Weise können Sie recht schnell feststellen, ob diejenigen Ihren Bericht gelesen haben oder nicht.

- **Ihre Berichte sollten nicht länger als eine Seite sein.** Falls sie länger sind, erstellen Sie am Anfang des Berichts eine kurze Zusammenfassung des Inhalts.

Der Projektfortschritts- oder Statusbericht

Das am häufigsten eingesetzte Kommunikationsmittel in einem Projekt ist der Statusbericht. Ein solcher *Statusbericht* ist eine Zusammenfassung dessen, was in der vergangenen Leistungsperiode passiert ist; er beschreibt Probleme und korrigierende Maßnahmen und gibt einen Überblick über das, was in der nächsten Periode geplant ist.

In diesem Abschnitt erfahren Sie, wie Sie die Empfänger eines solchen Berichts ermitteln, welche Punkte Sie aufnehmen sollten und wie Sie diesen Inhalt so verbessern, dass Ihre Teammitglieder beim Lesen nicht einschlafen.

Eine Empfängerliste erstellen

Ein solcher Statusbericht ist eine einfache und gute Möglichkeit, alle wichtigen Beteiligten auf dem Laufenden zu halten und sie über ihre Verpflichtungen zu informieren. Entscheiden Sie, wer regelmäßig einen solchen Bericht erhalten soll, indem Sie sich folgende Fragen stellen:

- Wer muss über das Projekt informiert werden?
- Wer möchte über das Projekt informiert werden?
- Wer sollte Ihrer Meinung nach über das Projekt informiert werden?

Wichtiges und Unwichtiges unterscheiden

Das Verfassen eines Berichts ermöglicht Ihnen, einmal einen Schritt zurück zu machen und alle Aspekte Ihres Projekts zu beleuchten, sodass Sie Erfolge sehen und Situationen erkennen, die baldigen Handlungsbedarf signalisieren. Folgende Informationen sollten in Ihrem Statusbericht nicht fehlen:

- ✔ **Projekt-Highlights:** Ihr Bericht sollte immer mit einer kurzen Auflistung (nicht mehr als eine Seite) aller Highlights beginnen.
- ✔ **Informationen über den Projektfortschritt:** Beschreiben Sie ausführlich, welche Resultate erzielt wurden, welche Tätigkeiten durchgeführt wurden, wie viele Arbeitsstunden investiert wurden und wie viel Geld ausgegeben wurde.
- ✔ **Probleme:** Stellen Sie Probleme heraus, auf die Sie während der Leistungsperiode gestoßen sind, und schlagen Sie korrigierende Maßnahmen vor.
- ✔ **Genehmigte Planänderungen:** Berichten Sie über sämtliche genehmigten Planänderungen.
- ✔ **Status des Risikomanagements:** Aktualisieren Sie Ihre Risikoeinschätzung, indem Sie über geänderte Annahmen oder Eintrittswahrscheinlichkeiten berichten und darüber, welche Auswirkungen diese Veränderungen auf die bestehenden Projektpläne haben.
- ✔ **Pläne für die nächste Periode:** Fassen Sie zusammen, welche größeren Aufgaben für die nächste Berichtsperiode geplant sind.

Einen interessanten Bericht schreiben

Wenn Sie einen Bericht schreiben, vergessen Sie nicht, dass Sie ja nicht möchten, dass er als Auslage für den Vogelkäfig dient.

Schreiben Sie den Bericht so, dass er sich interessant liest und den richtigen Leuten mitteilt, was sie wissen wollen. Mit folgenden Tipps können Sie die Qualität Ihres Statusberichts verbessern:

- ✔ **Schneiden Sie Ihre Berichte auf die Interessen und Bedürfnisse Ihrer Leser zu.** Veröffentlichen Sie nur die Informationen, die die Beteiligten erbitten oder benötigen. Wenn notwendig, erstellen Sie unterschiedliche Berichte für unterschiedliche Zielgruppen.
- ✔ **Wenn Sie unterschiedliche Berichte für unterschiedliche Zielgruppen erstellen, schreiben Sie zuerst den detaillierteren Bericht und leiten Sie daraus die Informationen für die anderen Berichte ab.** Auf diese Weise sind Ihre Berichte konsistent und die Wahrscheinlichkeit, dass Sie etwas doppelt machen müssen, sinkt.
- ✔ **Egal was Ihre Projektbeteiligten wünschen: Einen Statusbericht sollten Sie mindestens einmal pro Monat abgeben.** Wenn Sie die Informationen über den Projektfortschritt weniger als einmal pro Monat überprüfen und veröffentlichen, erhöht das die Wahrscheinlichkeit, dass das Projekt durch ein nicht erkanntes Problem Schaden nimmt.
- ✔ **Achten Sie darauf, dass sich alle Informationen über Produkte, Zeitpläne und Ressourcen auf denselben Zeitraum beziehen.** Das ist möglicherweise nicht ganz einfach, wenn Sie die reinen Leistungsdaten aus unterschiedlichen Systemen zusammentragen müssen.
- ✔ **Stellen Sie den tatsächlichen Fortschritt immer in Zusammenhang mit dem geplanten Fortschritt dar.** Dadurch erkennt man schneller, wenn sich ein Problem abzeichnet.

- ✔ **Vermeiden Sie Überraschungen.** Wenn im Verlauf der Berichtsperiode etwas Wichtiges passiert, das sofortige Maßnahmen erfordert (zum Beispiel wenn ein wichtiger Projektmitarbeiter plötzlich das Projekt verlassen muss), informieren Sie alle Beteiligten sofort und arbeiten Sie an der Lösung des Problems. Erwähnen Sie den Vorfall und mögliche korrigierende Maßnahmen in dem Statusbericht, um die Maßnahmen später belegen zu können.
- ✔ **Nutzen Sie Ihre ohnehin regelmäßig stattfindenden Teammeetings, um über Probleme zu reden, die in dem Statusbericht aufgetaucht sind.** Beantworten Sie Fragen, die die Beteiligten möglicherweise zu Ihrem Bericht haben.

IN DIESEM KAPITEL

Erfolgreiche Meetings abhalten

Verschiedene Meetingstile einsetzen

Kapitel 9

Effiziente Projektmeetings durchführen

Sicher haben Sie auch schon an *Meetings* teilgenommen, bei denen Sie am liebsten nur noch mit dem Kopf gegen die Wand gelaufen wären. Schon mal an einem Meeting teilgenommen, das nicht pünktlich angefangen hat? Oder wie war das noch mit dem Meeting, für das es keine Tagesordnung gab oder bei denen man sich nicht an die verteilte Tagesordnung gehalten hat? Oder die Meetings, bei denen Probleme diskutiert wurden, von denen Sie dachten, sie wären schon bei früheren Meetings gelöst worden?

Meetings müssen aber nicht unbedingt leidvolle Angelegenheiten sein. Sie können dann durchaus sinnvoll und nützlich sein, wenn sie sorgfältig geplant und durchgeführt werden. Wenn man sie richtig nutzt, kann man in Meetings mehr über die Erfahrungen, das Hintergrundwissen und die Arbeitsmethoden der Teammitglieder erfahren; man kann Brainstormings veranstalten, Probleme analysieren und Entscheidungen treffen.

Sie können Ihre Meetings effizienter gestalten, wenn Sie die Vorschläge in dem nachfolgenden Abschnitt befolgen.

Ein erfolgreiches Meeting planen

Um ein gelungenes Meeting durchführen zu können, müssen Sie es gut durchplanen. Bedenken Sie dabei folgende Punkte:

- ✔ **Den Zweck des Meetings klarmachen.** Dieser Schritt hilft Ihnen dabei, die richtigen Personen einzuladen, und ermöglicht es den Teilnehmern, sich auf das Meeting vorzubereiten.
- ✔ **Entscheiden, wer teilnehmen soll und warum.** Wenn Sie Informationen benötigen, stellen Sie fest, wer sie besitzt. Wenn Sie in dem Meeting Entscheidungen fällen wollen, stellen Sie fest, wer die dazu erforderliche Autorität besitzt, und sorgen Sie dafür, dass diese Person an dem Meeting teilnimmt.
- ✔ **Laden Sie rechtzeitig zum Meeting ein.** So erhöhen Sie die Wahrscheinlichkeit, dass die Personen, die Sie dabeihaben möchten, auch wirklich kommen können.
- ✔ **Informieren Sie die Personen, die teilnehmen sollen, über das Ziel des Meetings.** Die meisten sind eher bereit, an einem Meeting teilzunehmen, wenn sie wissen, warum ihre Teilnahme wichtig ist.
- ✔ **Bereiten Sie eine schriftliche Tagesordnung vor, in der die Themen und Zeiten angegeben sind.** Dadurch erkennen die Eingeladenen, warum es für sie wichtig ist, an dem Meeting teilzunehmen. Die Tagesordnung ist außerdem Ihr roter Faden zur Durchführung des Meetings.

- **Verteilen Sie die Tagesordnung und eventuell Hintergrundmaterial vorab.** So hat jeder Zeit, gegebenenfalls Änderungen der Tagesordnung vorzuschlagen und sich auf das Meeting vorzubereiten.

- **Meetings sollten nicht länger als eine Stunde dauern.** Sie können die Teilnehmer zwar dazu zwingen, stundenlang in einem Raum zusammenzusitzen, aber Sie können sie nicht dazu zwingen, sich stundenlang auf die Diskussion zu konzentrieren. Setzen Sie, falls notwendig, mehrere Meetings an, um verschiedene oder besonders komplexe Themen zu besprechen.

Ein erfolgreiches Meeting durchführen

Wie Sie das Meeting durchführen, kann über Erfolg oder Misserfolg entscheiden. Hier die wichtigsten Punkte, die Sie beachten sollten, um ein erfolgreiches Meeting durchzuführen:

- **Beginnen Sie pünktlich, auch wenn noch jemand fehlt.** Wenn die Teilnehmer merken, dass Sie warten, bis auch der Letzte eingetroffen ist, kommen irgendwann alle zu spät.

- **Bestimmen Sie einen »Zeitwächter«.** Diese Person erinnert die Gruppe daran, wenn die vorgesehene Zeit für einen Tagesordnungspunkt überschritten wird.

- **Halten Sie schriftlich fest, wer teilgenommen hat, welche Themen erörtert wurden, welche Entscheidungen getroffen und welche Aufgaben verteilt wurden.** Dieses Vorgehen hilft den Teilnehmern, sich die Informationen noch einmal anzusehen und dient als Erinnerungshilfe für die Aufgaben, die nach dem Meeting umgesetzt werden müssen.

- **Listen Sie die Punkte auf, die nach dem Meeting noch weiterverfolgt werden sollen, und benennen Sie Verantwortliche zu jedem einzelnen Punkt auf dieser Liste.** So stellen Sie sicher, dass Sie, wenn Sie diese Themen bei einem der nächsten Meetings wieder diskutieren, die notwendigen Informationen vorliegen haben, um die Probleme zu lösen.
- **Wenn für eine bestimmte Entscheidung nicht die richtigen Personen anwesend oder die richtigen Informationen nicht vorhanden sind,** diskutieren Sie nicht länger darüber, sondern setzen Sie diesen Punkt auf die »To-do-Liste«. Ein Problem ohne die notwendigen Informationen oder Beteiligten zu diskutieren, ist Zeitverschwendung.
- **Beenden Sie das Meeting pünktlich.** Die Teilnehmer haben möglicherweise andere Termine, die beginnen, wenn Ihr Meeting endet. Wenn Sie das Meeting nicht pünktlich beenden, führt das dazu, dass diese Teilnehmer sich entweder bei dem nachfolgenden Termin verspäten oder Ihr Meeting vorzeitig verlassen.

Nachbereitung mit den letzten Details

Das Meeting ist vielleicht vorbei, aber es wartet noch Arbeit auf Sie. Achten Sie darauf, dass Sie noch Folgendes erledigen, um den größten Nutzen aus dem Meeting zu ziehen:

- **Verteilen Sie umgehend das Protokoll an alle Teilnehmer.** So erhalten die Teilnehmer noch einmal eine Bestätigung der Informationen, solange diese noch frisch sind, und sie werden umgehend an die Dinge erinnert, die noch zu erledigen sind.

✔ **Überwachen Sie, dass alle Punkte auf der To-do-Liste auch wirklich abgearbeitet werden.** Da jede dieser Aufgaben wiederum ein Miniprojekt darstellt, hilft die Überwachung dieser Aufgaben, die Wahrscheinlichkeit zu erhöhen, dass sie auch wirklich erledigt werden.

✔ **Denken Sie über die eingebrachten Vorschläge nicht nur nach.** Ideen lediglich zu *diskutieren* verbessert Ihre Meetings nicht. Handeln Sie entsprechend!

Neben diesen grundlegenden Hinweisen zur Durchführung von Meetings sollten Sie auch einige Aspekte kennen, die für speziellere Arten von Meetings relevant sind. Es gibt drei verschiedene Arten von Meetings, die ich Ihnen im Folgenden vorstelle: regelmäßige Teammeetings, spontane Teammeetings und Meetings mit der Unternehmensleitung.

Regelmäßig stattfindende Teammeetings

Regelmäßig durchgeführte Teammeetings ermöglichen den Beteiligten, sich gegenseitig über den Stand der Dinge und eventuelle Probleme zu informieren und produktive, vertrauensvolle zwischenmenschliche Beziehungen zu pflegen.

Diese Meetings bieten auch eine Gelegenheit, sich noch einmal über den Fokus des Projekts zu verständigen und alle Beteiligten über Aktivitäten innerhalb und außerhalb des Projekts zu informieren, die sich auf ihre Arbeit und damit auf den Gesamterfolg des Projekts auswirken könnten. Wenn man bedenkt, dass die meisten an mehreren Projekten gleichzeitig arbeiten, ist es besonders wichtig, im Rahmen solcher Meetings den Zusammenhalt im Team zu stärken und die Zusammenarbeit zu verbessern.

Besprechen Sie mit den Teammitgliedern, welcher Zeitplan möglichst vielen passt. Wenn jemand nicht persönlich teilnehmen kann, versuchen Sie ihn im Rahmen einer Konferenzschaltung einzubeziehen.

Bei der Planung und Durchführung von Teammeetings sollten Sie sich an folgende Grundsätze halten:

- ✔ Auch wenn die Meetings regelmäßig stattfinden, bereiten Sie jedes Mal eine neue Tagesordnung vor, verteilen sie vorab und bitten um Kommentare und Vorschläge.
- ✔ Verteilen Sie vor dem Meeting an alle den Statusbericht der letzten Leistungsperiode (lesen Sie mehr darüber im vorangegangenen Kapitel).
- ✔ Verteilen Sie andere Hintergrundinformationen, die mit den Themen in Zusammenhang stehen, die bei dem Meeting besprochen werden sollen.
- ✔ Schränken Sie Diskussionen ein, die zu sehr in die Tiefe gehen; diese sollten Sie in einem anderen Kreis führen.
- ✔ Schreiben Sie ein kurzes Protokoll und verteilen Sie es an die Teilnehmer.

Spontane Meetings

Um sich mit Problemen auseinanderzusetzen, die im Projektverlauf aufgetreten sind, sollten Sie spontane Meetings veranstalten. An einem solchen spontanen Meeting nehmen einige oder alle Teammitglieder teil, je nachdem, welcher Art die anstehenden Probleme sind. Da Probleme häufig unerwartet auftauchen, ist es wichtig, dass Sie Folgendes tun:

- ✔ Machen Sie das Problem deutlich und sagen Sie, was Sie mit dem Meeting erreichen möchten.

- ✔ Stellen Sie fest, wer an diesem Thema interessiert sein könnte, davon betroffen sein könnte oder daran arbeitet, und laden Sie diese Personen ein.
- ✔ Erklären Sie allen Teilnehmern genau, was der Zweck des Meetings ist.
- ✔ Sämtliche Maßnahmen, die bei dem Meeting beschlossen werden, und die für die Durchführung Verantwortlichen müssen sorgfältig dokumentiert werden.
- ✔ Achten Sie darauf, dass Sie die Ergebnisse eines spontanen Meetings allen Teammitgliedern zugänglich machen, die durch die Ergebnisse betroffen sein könnten, die daran interessiert sein könnten und solche, deren Unterstützung Sie bei der Umsetzung benötigen.

Meetings mit der Unternehmensleitung

Den Vorsitz bei einem solchen Meeting hat meistens jemand von der Unternehmensleitung, durchgeführt wird es vom Projektmanager. Außerdem nehmen Teammitglieder und Vertreter aller Abteilungen teil. In diesem Meeting haben Sie die Gelegenheit, den Fortschritt Ihres Projekts darzulegen, die wichtigsten Erfolge aufzuzeigen und Bereiche zu zeigen, bei denen Sie ihre Hilfe benötigen. Das Meeting ist für Sie auch eine Gelegenheit, den Fortschritt Ihres Projekts darzulegen, die wichtigsten Erfolge aufzuzeigen und Berichte zu zeigen, bei denen Sie Ihre Hilfe benötigen. Das Meeting ist für Sie auch eine Gelegenheit, Möglichkeiten zu finden, wie Sie das Projekt in Einklang mit den übrigen Initiativen des Unternehmens bringen können.

Beherzigen Sie folgende Tipps, dann sind Ihre Meetings effektiv:

- ✔ Finden Sie heraus, welche Interessen Ihre Zuhörer haben, und erklären Sie ihnen, wie Ihr Projekt ihnen nutzen kann.
- ✔ Halten Sie Ihre Präsentation so kurz wie möglich; suchen Sie sich ein paar Schlüsselbotschaften heraus und konzentrieren Sie sich darauf.
- ✔ Stellen Sie wichtige Informationen heraus, aber seien Sie darauf vorbereitet, weiter ins Detail zu gehen, falls Sie darum gebeten werden.
- ✔ Geben Sie den Teilnehmern die Gelegenheit, Fragen zu stellen.
- ✔ Präsentieren Sie aktuelle Informationen zu den Risiken, die mit diesem Projekt verbunden sind, und erklären Sie, wie Sie damit umgehen wollen.
- ✔ Verteilen Sie bei dem Meeting ein Papier, auf dem die wichtigsten Punkte Ihrer Präsentation zusammengefasst sind.
- ✔ Verteilen Sie nach dem Meeting ein Papier, auf dem die angesprochenen Probleme und die vereinbarten Maßnahmen zusammengefasst sind.

Teil V

Der Top-Ten-Teil

Besuchen Sie uns auf www.fuer-dummies.de!

IN DIESEM TEIL …

Finden Sie, wie in jedem . . . *für Dummies*-Buch, interessante Informationen in mundgerechte Häppchen aufgeteilt, die Sie sich im Falle eines Falles schnell einverleiben können.

Lesen Sie in kompakter Form alles zu zehn häufig auftauchenden Fragen zum Thema Projektplanung, die Sie für eine erfolgreiche Durchführung des Projekts unbedingt be- und durchdenken sollten.

IN DIESEM KAPITEL

Den Zweck Ihres Projekts deutlich machen

Angestrebte Ergebnisse, Zeitpläne und Ressourcen festlegen

Mit Unsicherheiten umgehen

Kapitel 10
Zehn Fragen zur Projektplanung

Wenn man ein Projekt startet, möchte man am liebsten sofort loslegen, um den meist sehr knappen Zeitplan einhalten zu können. Natürlich möchte man gerne, dass alles gut durchgeplant ist, bevor man beginnt, aber häufig weiß man gar nicht genau, wo man anfangen soll, und man steht immer unter dem Druck, möglichst schnell Ergebnisse produzieren zu müssen.

Beantworten Sie die folgenden Fragen in diesem Kapitel, um sicherzugehen, dass Sie sämtliche Arbeiten, die im Rahmen Ihres Projekts erforderlich sind, identifiziert haben.

Warum wurde Ihr Projekt auf den Weg gebracht?

Sobald Sie ein neues Projekt übertragen bekommen, verschaffen Sie sich ein klares und vollständiges Bild davon, warum das Projekt initiiert wurde. Finden Sie Folgendes heraus:

- ✔ Welche Umstände haben zu dem Projekt geführt?
- ✔ Wer hatte die ursprüngliche Idee?
- ✔ Wer möchte sonst noch davon profitieren?
- ✔ Was würde passieren, wenn das Projekt nicht durchgeführt würde?

Wen müssen Sie einbeziehen?

Wenn Sie möglichst früh wissen, wen Sie einbeziehen müssen, können Sie die Beteiligung der Personen zur richtigen Zeit vorausplanen. Wenn Sie die betreffenden Personen rechtzeitig einbinden, stellen Sie sicher, dass deren Input dann verfügbar ist, wenn er benötigt wird. Außerdem zeigen Sie ihnen auf diese Weise, dass Sie sie wertschätzen und ihre Mitarbeit respektieren. Sie können die am Projekterfolg Beteiligten wie folgt unterteilen:

- ✔ **Driver:** Personen, die auf Projektergebnisse warten
- ✔ **Supporter:** Personen, die bei der Durchführung helfen
- ✔ **Beobachter:** Personen, die sich für Ihr Projekt interessieren

Wenn Sie eine vollständige Liste der Personen aufgestellt haben, können Sie entscheiden, wen Sie einbeziehen wollen und wann und wie Sie diese Personen einbinden möchten.

Welche Ergebnisse wollen Sie liefern?

Legen Sie genau fest, welche Ergebnisse Ihr Projekt hervorbringen soll. Achten Sie darauf, dass Sie möglichst früh jedes Produkt, jede Dienstleistung oder jede Auswirkung, die das Produkt generieren soll, beschreiben. Sorgen Sie dafür, dass die Ergebnisse messbar sind und dass Sie Leistungsziele festlegen.

Holen Sie sich die Bestätigung, dass die Driver in Ihrem Projekt der Meinung sind, dass die angestrebten Ergebnisse ihre Bedürfnisse und Erwartungen befriedigen würden.

Welche Beschränkungen müssen Sie beachten?

Informieren Sie sich über sämtliche Informationen, Abläufe und Richtlinien, die Sie in dem beschränken, was Sie mit Ihrem Projekt erreichen können und wie Sie es erreichen können. Wenn Sie die Beschränkungen kennen, können Sie das Projekt so planen, dass deren Auswirkungen Ihrem Projekt so wenig wie möglich im Wege stehen.

Von welchen Annahmen gehen Sie aus?

Sobald Sie beginnen, über Ihr Projekt nachzudenken, dokumentieren Sie sämtliche Annahmen hinsichtlich der wichtigsten Aspekte, denn jede dieser Annahmen kann zu einem oder mehreren Projektrisiken führen, die Sie möglicherweise im Voraus einplanen sollten. Ergänzen Sie diese Liste mit den Annahmen laufend, während Sie die einzelnen Teile Ihres Plans weiter ausarbeiten. Aktualisieren Sie den Plan, sobald sich eine Annahme ändert oder Sie den tatsächlichen Wert herausfinden.

Welche Arbeiten müssen erledigt werden?

Legen Sie genau fest, welche Aufgaben erledigt werden müssen, damit Sie Verantwortlichkeiten verteilen, Ressourcenbedarf schätzen und bestimmten Mitgliedern bestimmte Aufgaben übertragen und den Projektfortschritt laufend nachvollziehen können. Legen Sie für jeden Vorgang folgende Faktoren fest:

- ✔ **Welche Arbeiten dafür erledigt werden müssen:** die Abläufe und welche Schritte durchlaufen werden müssen
- ✔ **Inputs:** alle Personen, Anlagen, Produktionsmittel, Rohstoffe, Finanzmittel und Informationen, die notwendig sind, um die Aufgabe zu erledigen
- ✔ **Ergebnisse, die Sie produzieren:** Produkte, Dienstleistungen oder Situationen, die bei der Durchführung einer Aufgabe produziert werden
- ✔ **Abhängigkeiten:** Tätigkeiten, die Sie erledigen müssen, bevor Sie die betrachtete Tätigkeit beginnen können; Tätigkeiten, die Sie erst beginnen können, wenn die betrachtete erledigt ist
- ✔ **Dauer:** die tatsächliche Zeit, die für die Durchführung einer Tätigkeit erforderlich ist

Wann beginnen und beenden Sie eine Tätigkeit?

Entwickeln Sie einen detaillierten Zeitplan, in dem die Tätigkeiten klar definiert und Meilensteine festgelegt werden. So können Sie Teammitgliedern genau vorgeben, wann sie ihre Aufgabe erledigen sollen. Er hilft Ihnen auch bei der laufenden Überwachung und Steuerung.

Faktoren bei der Erstellung des Zeitplans

Berücksichtigen Sie Folgendes, wenn Sie Ihren Zeitplan erstellen:

- ✔ **Dauer:** Wann muss eine einzelne Aufgabe erledigt werden – das konkrete Datum?
- ✔ **Abhängigkeiten:** Was muss beendet werden, bevor andere Tätigkeiten begonnen werden können?
- ✔ **Ressourcenverfügbarkeit:** Wann werden bestimmte Ressourcen gebraucht und wann sind diese Ressourcen verfügbar?

Wer soll die eigentliche Projektarbeit durchführen?

Wenn Sie wissen, wer welche Aufgabe ausführt und wie viel Aufwand dafür notwendig ist, können Sie die Verfügbarkeit der Teammitglieder planen und das gesamte Projektbudget exakter schätzen.

Für jeden, der an Ihrem Projekt mitarbeiten soll, müssen Sie Folgendes festlegen:

- ✔ Geben Sie jede Person mit Namen, Positionsbeschreibung oder Titel an oder legen Sie fest, welche Kenntnisse und Fähigkeiten zur Durchführung dieser Arbeit notwendig sind.

- Wenn mehr als eine Person an dieser Tätigkeit arbeiten soll, legen Sie fest, welche Rolle jeder Einzelne hat und wie die Beteiligten ihre Arbeit koordinieren sollen.
- Legen Sie fest, wie groß der Arbeitsaufwand ist, den jeder Einzelne investieren soll.
- Wenn jemand nicht Vollzeit an der Tätigkeit arbeitet, legen Sie den genauen Zeitpunkt fest, zu dem die Person ihren Teil der Arbeit erledigen soll.

Welche weiteren Ressourcen benötigen Sie?

Legen Sie genau fest, welche Anlagen, Dienstleistungen, Materialien und Finanzmittel Sie benötigen, damit die Projektarbeit durchgeführt werden kann. Geben Sie an, wie viel der einzelnen Ressourcen Sie wann benötigen.

Was kann schiefgehen?

Bestimmen Sie, welche Teile Ihres Projekts vielleicht nicht planmäßig ablaufen könnten. Arbeiten Sie die Risiken heraus, von denen Sie glauben, dass sie den Erfolg Ihres Projekts am stärksten bedrohen, und machen Sie Pläne, um diese negativen Auswirkungen zu minimieren.

Stichwortverzeichnis

L

M

N

O

P

R

S

T

U

V

W

Z